Mentor Lernhilfe
Band 64
Biologie

Humanbiologie

Bau und Funktion des menschlichen Körpers

Von Reiner Kleinert,
Wolfgang Ruppert, Franz X. Stratil

Mit ausführlichem Lösungsteil

Mentor Verlag München

Reiner Kleinert: Studienrat für Biologie

Wolfgang Ruppert: Studienrat für Biologie

Franz X. Stratil: Oberstudienrat für Biologie

Grafiken und Illustrationen: Udo Kipper

Auflage:	5.	4.	3.	2.	1.	Letzte Zahlen
Jahr:	1999	98	97	96	95	maßgeblich

© 1995 by Mentor-Verlag Dr. Ramdohr KG, München
Druck: Druckhaus Langenscheidt, Berlin
Printed in Germany, ISBN 3-580-64640-0

Inhaltsverzeichnis

Vorwort

Die Lernhilfe **Humanbiologie** wendet sich in erster Linie an alle Schülerinnen und Schüler der Jahrgangsstufen 9 und 10, aber auch an alle interessierten Laien, Sportler, Psychologen, Pharmazeuten usw., die die Vorgänge im menschlichen Körper besser verstehen wollen. Gleichzeitig ist dieser Band für die Schülerinnen und Schüler der Oberstufe geeignet, da hier das Basiswissen der Oberstufen-Biologie dargestellt wird.

Es werden alle Themenbereiche angesprochen, die sich mit **Bau und Funktionen des menschlichen Körpers** beschäftigen: Ernährung, Blut und Blutkreislauf, Atmung, Stabilität und Bewegung, Nervensystem und Hormonsystem, Sinne, Sexualität, und als abschließende „Würze" ein Kapitel zum Thema Streß. Die einzelnen Kapitel sind so aufgebaut, daß sie weitgehend **unabhängig** voneinander gelesen werden können. Hilfreiche Informationen aus anderen Kapiteln sind durch Verweise gekennzeichnet. Außerdem haben wir jeweils angegeben, in welchem Band unserer Abiturhilfen-Reihe (ML 65 bis 69) weitergehende Informationen zu finden sind.

Wir haben uns bemüht, alle Sachverhalte so **verständlich** wie möglich darzustellen. Kleine Experimente, Übungsbeispiele und wiederholende Aufgaben sollen eine **aktive** Auseinandersetzung mit dem „Stoff" ermöglichen. Die Lösungen zu den Aufgaben und den Experimenten stehen wie üblich in einem separaten Lösungsteil am Ende des Buches.

Die mit einem * versehenen Begriffe werden in einem **Glossar** noch einmal erläutert. Außerdem können einzelne Begriffe oder Sachverhalte über das **Stichwortverzeichnis** aufgesucht und nachgeschlagen werden.

Unser Maskottchen PINGO sorgt dafür, daß Experimente, Aufgaben und Zusammenfassungen noch leichter zu finden sind.

Wir wünschen unserer Humanbiologie, daß sie nicht nur allen Schülerinnen und Schülern, sondern **allen interessierten Lesern** mit Spaß und Erfolg die Funktionszusammenhänge des menschlichen Körpers verständlich macht.

Reiner Kleinert,
Wolfgang Ruppert,
Franz X. Stratil

A. Ernährung

Die Geschichte vom Suppen-Kaspar

Der Kaspar, der war kerngesund.
Ein dicker Bub und kugelrund,
Er hatte Backen rot und frisch;
Die Suppe aß er hübsch bei Tisch.
Doch einmal fing er an zu schrei'n:
„Ich esse keine Suppe! Nein!
Ich esse meine Suppe nicht!
Nein, meine Suppe ess' ich nicht!"

Am nächsten Tag – ja sieh nur her!
Da war er schon viel magerer.
Da fing er wieder an zu schrei'n:
„Ich esse keine Suppe! Nein!
Ich esse meine Suppe nicht!
Nein, meine Suppe ess' ich nicht!"

Am dritten Tag, o weh und ach!
Wie ist der Kaspar dünn und schwach!
Doch als die Suppe kam herein,
Gleich fing er wieder an zu schrei'n:
„Ich esse keine Suppe! Nein!
Ich esse meine Suppe nicht!
Nein, meine Suppe ess' ich nicht!"

Am vierten Tage endlich gar
Der Kaspar wie ein Fädchen war.
Er wog vielleicht ein halbes Lot –
Und war am fünften Tage tot.

(aus: Der Struwwelpeter von Dr. H. Hoffmann)

7

1. Aufgaben der Ernährung

Wenn wir länger nichts essen, machen wir schlapp. Damit das nicht passiert, nehmen wir Nahrung auf. Wir brauchen die Nahrung – wie alle anderen Lebewesen – zur Erhaltung unserer Lebensvorgänge und der Leistungsfähigkeit unseres Organismus.

Wir nehmen mit der Nahrung „Kraftstoffe" auf. Sie liefern die **Energie** für Muskelarbeit, den Aufbau von körpereigenen Substanzen und die Erzeugung der Körperwärme *(Kap. A.2)*.

Mit der Nahrung werden dem Körper aber auch alle **Stoffe** zugeführt, die für **Aufbau und Erneuerung** des Organismus unentbehrlich sind *(Kap. A.3)*.

Außerdem sind Substanzen enthalten, die eine **Verwertung** der Nahrungsbestandteile erst ermöglichen – wie z. B. die Vitamine *(Kap. A.4)*.

Die Umwandlung der in der Nahrung enthaltenen Stoffe erfolgt im Körper durch unzählige chemische Reaktionen, die alle zusamen den **Stoffwechsel** bilden. Dazu gehört die **Verdauung** der Nahrung, der **Abbau** von Nahrungsbestandteilen zur Energiegewinnung, der **Um- und Aufbau** von Nahrungsbestandteilen zu körpereigenen Stoffen, die **Speicherung** von Nahrungsbestandteilen und die **Ausscheidung** von Stoffwechselabfällen *(Kap. A.5)*.

Die Nahrungsaufnahme befriedigt aber noch andere Bedürfnisse. Essen soll gut schmecken; deshalb spielen **Geschmacksansprüche** bei der **Nahrungsauswahl** oft eine große Rolle. Wieviel Nahrung aufgenommen wird, reguliert unser Körper durch die Gefühle von **Hunger** und **Sättigung** *(Kap. A.6)*.

Die Eßgewohnheiten können allerdings vom physiologischen Bedarf des Organismus so sehr abweichen, daß daraus **ernährungsbedingte Krankheiten** entstehen *(Kap. A.7)*.

2. Nahrung als Energielieferant

2.1 Nährstoffe als Energieträger

Wer kennt sie nicht: die Werbespots für „Energie-Riegel" im Fernsehen? Worin steckt die Energie?

Nur bestimmte Nahrungsbestandteile kommen als Energiequellen in Frage. Sie werden als **Nährstoffe** bezeichnet. Zu ihnen gehören die **Kohlenhydrate**, die **Fette** und die **Eiweiße** (auch **Proteine** genannt).

Die zweite Bedingung ist wichtig, weil

> **!**
>
> Alle Nährstoffe zeichnen sich dadurch aus, daß sie
> 1. Energie in Form chemischer Bindungen gespeichert haben und
> 2. vom menschlichen Körper verwertet werden können.

wir mit der Nahrung auch Stoffe aufnehmen, die zwar energiereich sind, die unser Körper aber nicht abbauen kann.

Die wichtigsten Energielieferanten sind die **Kohlenhydrate**. Eine Übersicht dieser Nährstoffgruppe zeigt Abbildung 1. Zu den Kohlenhydraten gehören die **Zucker. Traubenzucker** (Glucose) und **Fruchtzucker** (Fructose), die beide natürlicherweise vor allem in Früchten vor-

kommen, sind sogenannte Einfachzucker, weil sie nur aus einem einzigen Molekül bestehen. **Rohrzucker** (Saccharose), der gewöhnlich zum Süßen von Speisen und Getränken verwendet wird, ist ein Doppelzucker, der aus zwei Zuckermolekülen zusammengesetzt ist.

Zu den komplizierter aufgebauten Kohlenhydraten gehört die **Stärke**, die den Hauptbestandteil des Mehls ausmacht und deshalb in Brot oder Nudeln reichlich vorhanden ist. Mehl wird bei uns meist aus den einheimischen Getreidesorten Weizen und Roggen gewonnen. Stärke ist aber auch in allen anderen Getreidesorten sowie in Kartoffeln und Reis enthalten. Das Riesenmolekül besteht aus vielen tausend Traubenzuckermolekülen, die miteinander verkettet sind. Aus diesem Grund kann Stärke chemisch in Traubenzucker zerlegt werden *(vgl. Kap. A.5.2).*

Fette sind ebenfalls hervorragende Energieträger. Sie bestehen aus einem Molekül **Glycerin** und drei Molekülen **Fettsäure** *(vgl. Abb. 2).*

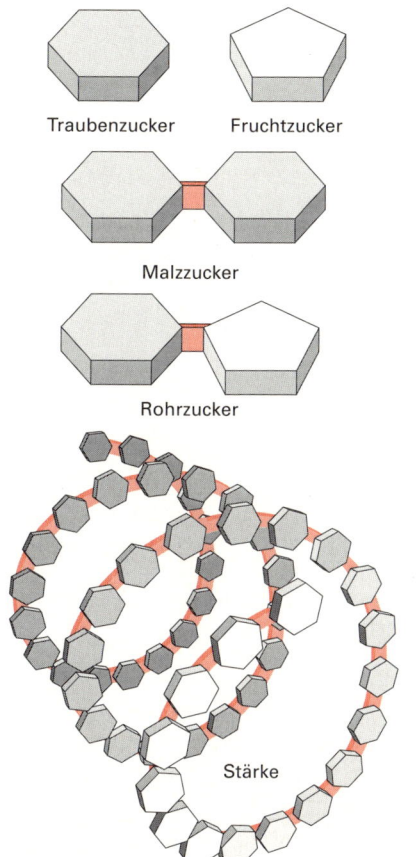

Abb. 1 Kohlenhydrate in der Nahrung

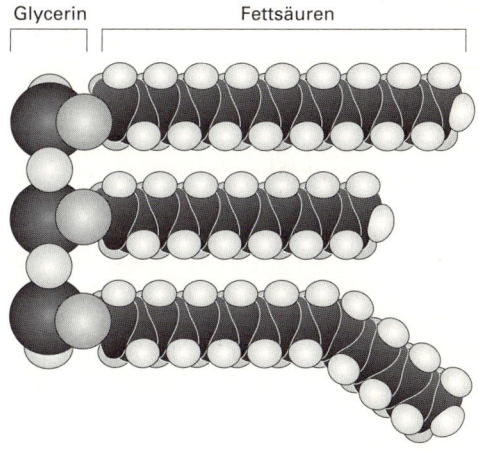

Abb. 2 Aufbau eines Fett-Moleküls

9

Die verschiedenen Nahrungsfette unterscheiden sich grundsätzlich nur in der Zusammensetzung der drei Fettsäuren, die unterschiedlich lang sein können.
Fette sind in konzentrierter Form in Speiseölen, in Butter und Margarine enthalten. Auch Nüsse und Samen sind sehr fetthaltig. Die meisten tierischen Nahrungsmittel enthalten mehr oder weniger **verborgene** Fette (z. B. Wurst und Käse).

Die **Eiweiße** oder **Proteine** sind primär **nicht** als Energielieferanten anzusehen. Sie werden von unserem Körper hauptsächlich als Baustoffe benötigt *(vgl. Kap. A.3)*. Da der Eiweißbedarf des Körpers begrenzt ist und Eiweiß nicht gespeichert werden kann, wird **überschüssiges** Eiweiß ebenfalls zur Deckung des Energiebedarfs herangezogen. Nur in diesem Sinne kommen auch Eiweiße als Energielieferanten in Frage.

2.2 Energiegehalt der Nährstoffe

Wenn wir die Energie, die in einem Stück Holz steckt, zum Wärmen nutzen wollen, müssen wir das Holz verbrennen. Auch die Energie, die in den Nährstoffen enthalten ist, kann von unserem Körper nur genutzt werden, indem er die Nährstoffe mit Hilfe von Sauerstoff „verbrennt" (die Chemiker nennen das „Oxidation").
Wieviel Energie die jeweiligen Nährstoffe liefern, hängt von ihrem **Brennwert** ab. Der kann experimentell ermittelt werden: in einem **Kalorimeter** *(vgl. Abb. 3)*. Das ist ein mit Wasser gefüllter, gut isolierter Kasten, in dem sich eine Brennkammer befindet. In diese Brennkammer kommt eine genau abgemessene Menge des Nahrungsmittels, dessen

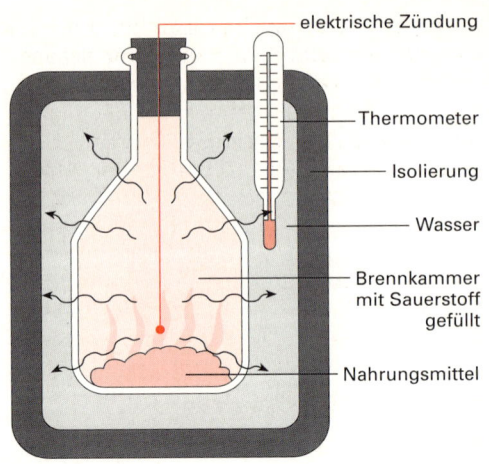

Abb. 3 Schema eines Kalorimeters

Energiegehalt ermittelt werden soll. Außerdem wird die Brennkammer mit reinem Sauerstoff gefüllt.
Während das Nahrungsmittel verbrennt, verbinden sich die Nährstoffmoleküle mit dem Sauerstoff. Als Ergebnis dieser **chemischen Reaktion** entstehen Kohlendioxid, Wasser(-dampf) und Wärme. Die Wärme war ursprünglich als chemisch gebundene Energie im Nahrungsmittel enthalten. Durch die chemische Reaktion wird die Bindungsenergie in Wärmeenergie **umgewandelt.** Die freigesetzte Wärme heizt das Wasser auf, das die Brennkammer umgibt. Die Temperaturerhöhung kann an einem eingetauchten Thermometer abgelesen werden.
Eine Temperaturerhöhung von 1 °C pro Liter Wasser entspricht einer freigewordenen Wärmeenergie von etwa 4 kJ (Kilo Joule, gesprochen Dschul) oder 1 kcal (Kilo Kalorie; daher die berüchtigten „Kalorien" und auch die Bezeichnung „Kalorimeter").

In einem Gramm **Zucker** ist so viel Energie enthalten, daß ein Liter Wasser um 4,2 °C erwärmt wird. Das ergibt einen Energiegehalt von etwa **17 kJ** (oder etwa 4 kcal). Mit einem Gramm **Fett** kommt man sogar auf 9,5 °C. Das ergibt einen Energiegehalt von etwa **38 kJ** (oder etwa 9 kcal). Fett enthält also mehr als doppelt soviel Energie wie Zucker (oder ein anderes Kohlenhydrat).

Mit dieser Methode erhalten wir aber nur den **physikalischen Brennwert**, der angibt, wieviel Wärmeenergie bei **vollständiger** Verbrennung frei wird. Da jedoch nicht alle Nährstoffe im Körper gleich gut ausgenutzt werden, interessiert den Biologen viel mehr der tatsächliche **physiologische Brennwert**.

Dieser nun entspricht für Kohlenhydrate und Fette dem physikalischen Brennwert, da diese Nährstoffe sehr gut (zu 100%!) ausgenutzt werden können. Beim Eiweiß besteht jedoch ein Unterschied: der physikalische Brennwert beträgt 22 kJ, der physiologische aber nur 17 kJ, ist also mit dem der Kohlenhydrate identisch.

> Der von unserem Körper ausnutzbare Energiegehalt eines Nahrungsmittels hängt von der relativen Zusammensetzung der Nährstoffe und von deren physiologischem Brennwert ab.

Zur Ermittlung des Energiegehaltes von Nahrungsmitteln gibt es verschiedene **Nährstoff-Tabellen**.

A/1

Aufgabe:

Besorge dir eine Nährstoff-Tabelle und ermittle, welche Nahrungsmittel den höchsten Energiegehalt besitzen.

2.3 Energiebedarf des Körpers

Der Energiebedarf unseres Körpers hängt von dessen **Energieverbrauch** ab, d. h. davon, wieviel Energie pro Zeiteinheit umgesetzt wird. Wir sprechen daher auch von **Energieumsatz**.

Der Energieumsatz eines Menschen ist abhängig 1. von seinem **Grundumsatz** und 2. vom **Arbeitsumsatz** (auch **Leistungsumsatz** genannt).

> Als **Grundumsatz** wird die Energiemenge bezeichnet, die zur **Erhaltung der Lebensfunktionen** benötigt wird.

Den größten Einfluß auf den Grundumsatz hat das **Körpergewicht**. Als groben Richtwert kann man für Erwachsene mittleren Alters einen **relativen Grundumsatz** von etwa **4 kJ** oder **1 kcal pro kg Körpergewicht und Stunde** angeben.

Aufgabe:

Wie hoch ist der tägliche Grundumsatz eines 70 kg schweren Mannes?

Weitere Faktoren sind das **Alter** und das **Geschlecht**. Abbildung 4 zeigt, daß der relative Grundumsatz mit dem Alter abnimmt und daß Männer durchweg mehr verbrauchen als Frauen.

Schließlich wird der Grundumsatz **von der aufgenommenen Nahrungsmenge** beeinflußt. Das liegt daran, daß unser Körper nicht wie eine Maschine arbeitet, die immer gleich viel Energie verbraucht. Unser Körper paßt sich an: steht ihm viel Energie zur Verfügung, geht er verschwenderisch damit um; leidet er unter Energiemangel, wird gespart. Gemessen wird der Grundumsatz unter folgenden Bedingungen:

1. immer zur gleichen Tageszeit (z. B. morgens),
2. liegend (keine Arbeitsleistung der Skelettmuskeln!),
3. nüchtern (keine Verdauungsarbeit!),
4. bei behaglicher Umgebungstemperatur (kein Wärmeverlust!). Unter diesen Bedingungen wird mehr als die Hälfte der umgesetzten Energie von **Leber** (25%), **Gehirn** (20%) und **Herz** (10%) verbraucht.

Bei körperlicher Betätigung steigt der Energieumsatz in Abhängigkeit vom Ausmaß der Arbeitsschwere an. Dieser **Arbeitsumsatz (Leistungsumsatz)** resultiert im wesentlichen aus der gesteigerten Aktivität der Skelettmuskulatur. Bereits beim Sitzen erhöht sich der Grundumsatz um 40%, bei entspanntem

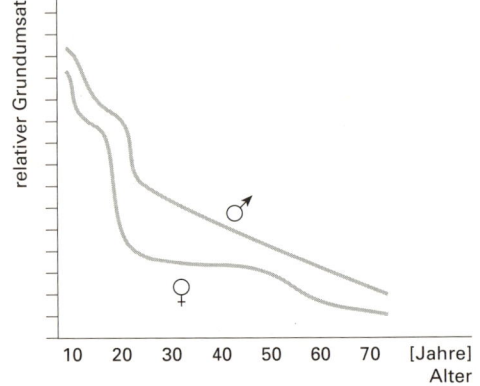

Abb. 4 *Abhängigkeit des relativen Grundumsatzes von Lebensalter und Geschlecht*

Stehen um 50%, bei normalem Gehen um 100% und beim Joggen (10 km/h) um 500%.

Tabelle 1 zeigt einige Beispiele für den durchschnittlichen Energiebedarf bei verschiedenen Sportarten. Angegeben ist jeweils der über den Grundumsatz hinausgehende Energieverbrauch sowie die Zeit, die die Sportart ausgeübt werden muß, um die Energie zu verbrauchen, die durch bestimmte Nahrungsmittel zugeführt wird. Um den Energiegehalt einer Tafel Schokolade zu verbrauchen, sind also zwei Halbzeiten Fußball nötig – natürlich nicht vor dem Fernseher!

Sportart	Energieverbrauch pro Stunde (kcal)	Dauer der körperlichen Betätigung in Minuten zur Verwertung von ...	
		1 Tafel Schokolade (600 kcal)	0,75 Liter Limonade (350 kcal)
Spaziergang	50–200	180–720	105–420
Radfahren	100–300	120–360	70–210
Trimm-Dich	200–400	90–180	53–105
Dauerlauf	200–400	90–180	53–105
Fußball	400–500	80– 90	42– 53
Tennis	400–500	80– 90	42– 53
Schwimmen	200–600	60–180	30–105
Skilaufen	400–800	50– 90	26– 53

Tab. 1 Energieverbrauch bei körperlicher Betätigung

Auch **berufliche Tätigkeiten** lassen sich so nach der Schwere der körperlichen Belastung einteilen. Bei leichter körperlicher Tätigkeit (z. B. Lehrer) beträgt der Arbeitsumsatz etwa 2000–3000 kJ pro Tag, bei mittelschwerer Tätigkeit (z. B. Handwerker, Hausfrauen) etwa 3000–4000 kJ pro Tag und bei schwerer Arbeit (z. B. Bauarbeiter) bis zu 15 000 kJ pro Tag.

Unser Körper verbraucht Energie für die Erhaltung der Lebensfunktionen und für Arbeitsleistungen. Er gewinnt Energie durch die Nahrungsaufnahme. Entspricht die Energieaufnahme dem Energieverbrauch, befindet sich der Körper im **Energiegleichgewicht**.

Bewegungsmangel und **Überernährung** führen zu einer Störung des Energiegleichgewichts. Die überschüssigen energiereichen Nährstoffe werden dann in Form von **Depotfett** gespeichert *(vgl. Kap. A.5.4)*.

3. Nahrung als Lieferant von Körperaufbaustoffen

Der menschliche Körper besteht im Durchschnitt zu 60% aus Wasser, zu 15–20% aus Eiweiß, zu 15–20% aus Fett, zu 1% aus Kohlenhydraten und zu 5% aus Mineralstoffen. Diese Körpersubstanzen werden während des Wachstums in Kindheit und Jugend aus Nahrungsbestandteilen aufgebaut. Auch im Körper des Erwachsenen müssen ständig Zellen ersetzt oder neu gebildet werden. Die **Aufbaustoffe**, die hierfür nötig sind, entnimmt unser Körper ebenfalls der Nahrung. Dazu gehören außer den drei Nährstoffen (Eiweiße, Fett, Kohlenhydrate) die Mineralstoffe und das Wasser.

3.1 Eiweiße (Proteine)

Von den drei Nährstoffen sind vor allem Eiweiße oder Proteine am Aufbau des Körpers beteiligt. Proteine sind große Moleküle, die aus **Ketten von Aminosäuren** bestehen *(vgl. Abb. 5)*.

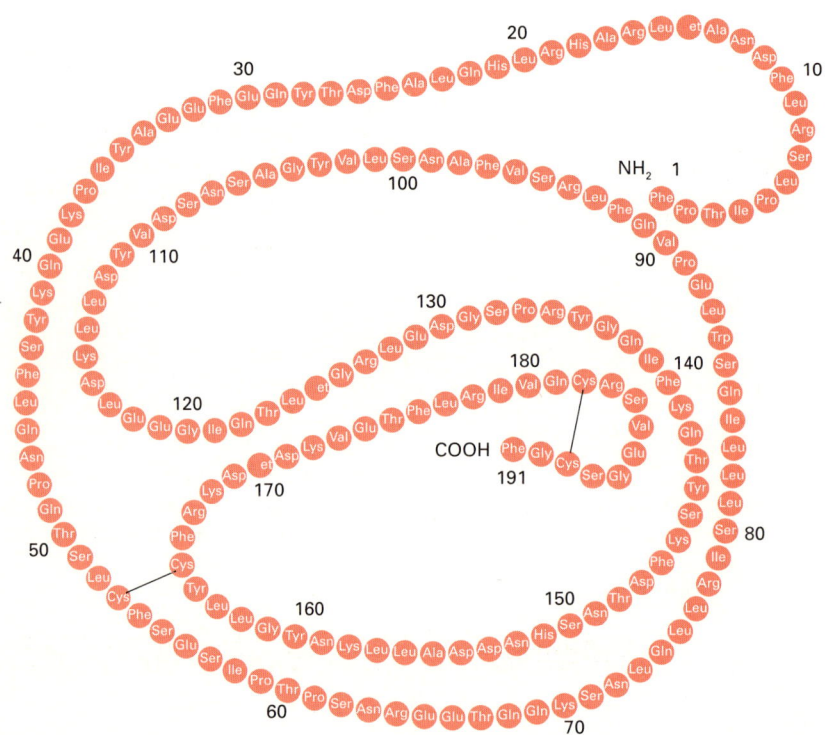

Abb. 5 Aufbau eines Proteins am Beispiel des menschlichen Wachstumshormons; Abkürzungen siehe Tab. 2

Es gibt insgesamt **20 verschiedene Aminosäuren**, die sich in ihrem chemischen Aufbau etwas unterscheiden. Jede hat einen eigenen Namen und eine passende Abkürzung *(vgl. Tab. 2)*.

Proteine sind die vielgestaltigsten Moleküle in unserem Körper. Die Vielfalt kommt dadurch zustande, daß die 20 verschiedenen Aminosäuren in immer andersartiger Weise zu langen Ketten verknüpft werden. Dabei entstehen Ketten, die 100 und mehr Aminosäuren enthalten können *(vgl. Abb. 5)*.

Die körpereigenen Proteine werden **ständig abgebaut** und wieder **neu aufgebaut**. Dabei werden pro Tag etwa 100 Gramm Körpereiweiß umgesetzt. Die Aminosäuren, aus denen die körpereigenen Proteine aufgebaut werden, stammen zum Teil aus dem Abbau von Körpereiweiß, zum Teil aus dem Abbau von Nahrungseiweiß. Diejenigen Aminosäuren, die der Körper nicht durch Umwandlung aus vorhandenen Aminosäuren selbst herstellen kann und die deshalb **unbedingt** mit der Nahrung aufgenommen werden müssen, werden als **essentielle Aminosäuren** bezeichnet. Sie sind in Tabelle 2 **fett** gedruckt (die mit ° versehenen Aminosäuren sind nur für Säuglinge essentiell).

Ala	Alanin	Leu	**Leucin**
Arg	**Arginin**°	Lys	**Lysin**
Asn	Asparagin	Met	**Methionin**
Asp	Asparaginsäure	Phe	**Phenylalanin**
Cys	Cystein	Pro	Prolin
Gln	Glutamin	Ser	Serin
Glu	Glutaminsäure	Thr	**Threonin**
Gly	Glycin	Trp	**Tryptophan**
His	**Histidin**°	Tyr	Tyrosin
Ile	**Isoleucin**	Val	**Valin**

Tab. 2 Liste der Aminosäuren in Proteinen; Erläuterungen im Text

Da die Speicherung von Eiweiß im Körper praktisch nicht möglich ist, muß eine **ausreichende Proteinmenge** mit der täglichen Nahrung aufgenommen werden. Unserem Organismus reicht eine tägliche Proteinzufuhr von etwa **0,8 Gramm pro kg Körpergewicht**.

Aufgabe:

Berechne die Proteinmenge, die deinen persönlichen Bedarf deckt.

Durch die Ernährungsgewohnheiten in den Industrieländern liegt unser durchschnittlicher Eiweißkonsum deutlich höher. Im Ernährungsbericht 1988 der Deutschen Gesellschaft für Ernährung waren für Frauen 83 g und für Männer 105 g pro Tag angegeben. Wie wir bereits erläutert haben, werden die **überschüssig** aufgenommenen Aminosäuren als **Brennstoffe** verwertet.

Es ist nun also deutlich geworden, daß unser Körper eigentlich keinen Eiweißbedarf, sondern einen ganz spezifischen **Bedarf an bestimmten Aminosäuren** hat. In den meisten eiweißhaltigen Nahrungsmitteln sind immer alle 20 Aminosäuren enthalten, allerdings in unterschiedlicher Zusammensetzung, so daß

der **Anteil** der einzelnen Aminosäuren erheblich schwanken kann.

Je besser die Aminosäuren-Zusammensetzung des Nahrungseiweißes dem Bedarf des Körpers entspricht, desto weniger muß man davon essen, um den Bedarf des Körpers zu decken; d. h. desto höher ist seine **biologische Wertigkeit**. Diese hängt ganz wesentlich vom relativen Anteil der **essentiellen Aminosäuren** ab.

In Tabelle 3 wird die biologische Wertigkeit von Eiweiß verschiedener Nahrungsmittel verglichen.

Die Zahlen geben die jeweilige Menge an menschlichem Körpereiweiß in Gramm an, die durch 100 g Nahrungseiweiß ersetzt werden können.

Ei	94	Roggen	76
Kuhmilch	85	Sojabohne	73
Fisch	76	Vollreis	73
Rindfleisch	74	Kartoffeln	67
Schweinefleisch	74	Weizen	65
Hühnerfleisch	74	Mais	59

Tab. 3 Biologische Wertigkeit von Nahrungsprotein tierischer und pflanzlicher Herkunft

Aus dieser Tabelle geht also hervor, welche Eiweißsorten für die Ernährung des Menschen besonders wertvoll sind und welche einen geringeren Wert haben. Dabei ist jedoch zu berücksichtigen, daß sich niemand allein von einer einzigen Eiweißsorte ernährt, sondern immer ein Gemisch verschiedener Nahrungsproteine zuführt. Durch Mischen von Proteinen, die eine hohe biologische Wertigkeit haben, mit Proteinen geringerer Wertigkeit lassen sich Kombinationen erzielen, die die Einzelproteine übertreffen. So hat eine Mischung aus 50% Milchprotein und 50% Weizenprotein (Müsli!) eine biologische Wertigkeit von 109. Den bisher höchsten Wert erreichte eine Mischung aus 35% Eiprotein und 65% Kartoffelprotein (das klassische Bauernfrühstück): 136! Durch Mischungen lassen sich also auch die weniger wertvollen **pflanzlichen** Nahrungsproteine sehr leicht aufwerten.

3.2 Fette

Fette dienen in erster Linie als Energielieferanten *(vgl. Kap. A.2)*. Einige Fettbausteine werden aber auch zum Aufbau von körpereigenen Substanzen verwendet.

Am wichtigsten sind die **Zellmembranen**, die alle Körperzellen als dünne Häutchen umgeben. Sie bestehen zur Hälfte aus fettartigen Substanzen (Lipiden) und aus **Cholesterin**. Die Membranlipide werden aus Fettsäuren der Nahrungsfette hergestellt. Das Cholesterin wird entweder direkt aus der Nahrung entnommen oder ebenfalls aus fetthaltigen Nahrungsbestandteilen aufgebaut.

Die meisten Fettsäuren kann der Körper auch aus anderen Nahrungsbestandteilen (Kohlenhydraten, Proteinen) herstellen. Einige vor allem in pflanzlichen Fetten vorkommende Fettsäuren müssen jedoch unbedingt mit der Nahrung zugeführt werden. Sie werden in Analogie zu den Proteinen als **essentielle Fettsäuren** bezeichnet.

3.3 Kohlenhydrate

Die Kohlenhydrate sind ebenfalls vor allem Energielieferanten *(vgl. Kap. A.2)*. Sie machen nur etwa 1% der Körpersubstanz aus, im wesentlichen gespeichert in Form von Glycogen *(vgl. Kap. A.5.4)*. In geringem Umfang sind sie jedoch auch am Aufbau von körpereigenen Substanzen beteiligt (z. B. **Schleim**).

3.4 Mineralstoffe

Mineralstoffe haben im menschlichen Organismus unterschiedliche biologische Aufgaben. Als Aufbaustoffe sind sie am Aufbau, der Erhaltung und der Erneuerung von **Knochen und Zähnen** beteiligt *(vgl. Kap. D.2)*. Es handelt sich hierbei vor allem um Calcium, Phosphat und Magnesium. Alle anderen Mineralstoffe sind wichtige Stoffwechselregulatoren *(vgl. Kap. A.4.2)*.

3.5 Wasser

Wasser ist der vielleicht lebenswichtigste Stoff, den wir mit der Nahrung aufnehmen. Ohne Wasser kann ein Mensch nur ein paar Tage überleben, ohne feste Nahrung dagegen ein paar Wochen. Unser Körper besteht zu 50–60% aus Wasser. Zwei Drittel davon befindet sich innerhalb der Zellen, der Rest zwischen den Zellen und im Blut.

Die Bedeutung des Wassers ergibt sich vor allem aus seinen Funktionen als **Transportmittel** und als **Lösungsmittel**. Die meisten Substanzen, aus denen unser Körper besteht, sind wasserlöslich und können also auch nur in Wasser gelöst transportiert werden. Außerdem laufen alle **chemischen Reaktionen** in unserem Körper nur **in wäßriger Umgebung** ab.

Wir verlieren täglich etwa 1 Liter Wasser durch **Verdunstung** über die Haut und durch die Atemluft und etwa 1,5 Liter durch **Ausscheidung** mit Harn und Kot. Für die Aufrechterhaltung der Körperfunktionen ist aber eine ausgeglichene **Wasserbilanz** unerläßlich. Unser Körper benötigt deshalb täglich etwa 2,5 Liter Wasser. Davon werden in der Regel etwa 1,2 Liter mit Getränken und flüssiger Nahrung aufgenommen, etwa 1 Liter ist in fester Nahrung enthalten, und etwa 0,3 Liter entstehen im Zellstoffwechsel *(vgl. Kap. A.5.3)*.

Körperliche Tätigkeiten, die mit starkem Schwitzen verbunden sind, führen zu größeren Wasserverlusten, so daß der Wasserbedarf auf mehrere Liter pro Tag ansteigen kann. In diesen Fällen ist eine zusätzliche Flüssigkeitsaufnahme absolut lebensnotwendig. Bereits geringe Wassermängel führen zur Minderung des Leistungsvermögens. Ein Wasserverlust von 10% des Körpergewichts erzeugt Krankheitserscheinungen, ein Wasserdefizit von 15–25% ist tödlich.

4. Nahrung als Lieferant von Vitalstoffen

Neben den Brennstoffen für den Energiestoffwechsel und den Aufbaustoffen für den Baustoffwechsel gibt es noch eine dritte Gruppe von Nahrungsbestandteilen, die für die **Verwertung** der aufgenommenen Brenn- und Aufbaustoffe unentbehrlich sind. Wir nennen sie **Vitalstoffe** (vital = lebenswichtig). Zu ihnen gehören die Vitamine sowie die Mineralstoffe und Spurenelemente.

4.1 Vitamine

Vitamine sind für den Stoffwechsel unseres Körpers unentbehrliche Substanzen, die unser Organismus selbst nicht herstellen kann. Sie müssen deshalb regelmäßig und in ausreichender Menge mit der Nahrung aufgenommen werden. Wichtige Quellen für Vitamine und deren Vorstufen (die Provitamine) sind **pflanzliche** Nahrungsmittel (Gemüse, Obst). Aber auch das Fleisch pflanzenfressender Tiere kommt als Vitaminquelle in Frage.

Ein wichtiger Unterschied besteht in den Lösungseigenschaften der Vitamine. Es gibt **wasserlösliche** Vitamine, die bei Überdosierung wieder aus dem Körper ausgeschieden werden, und **fettlösliche**, die im Fettgewebe des Körpers gespeichert werden.

Die meisten Vitamine sind im Stoffwechsel unseres Körpers an der Verwertung der übrigen Nahrungsbestandteile beteiligt: sie wirken als **Helfer der Enzyme (Coenzyme)** *(vgl. Kap. A.5.3)*. Das gilt vor allem für die wasserlöslichen Vitamine. Genauere Angaben sind in Tabelle 4 enthalten.

Die Bezeichnung der einzelnen Vitamine mit großen Buchstaben geht auf die Zeit zurück, als ihre chemische Beschaffenheit noch nicht bekannt war. Für alle Vitamine gibt es mittlerweile aber auch wissenschaftliche Namen (z. B. Vitamin C = Ascorbinsäure).

Der **Vitaminbedarf** ist von verschiedenen Faktoren wie Alter, Geschlecht, Gesundheitszustand und Nahrungszusammensetzung abhängig. Alle Angaben für eine **empfohlene Vitaminzufuhr** pro Tag stellen demnach nur grobe Richtwerte dar.

Die **Vitaminversorgung** stellt heutzutage für die Menschen in den Industrieländern kein ernsthaftes Problem mehr dar, so daß die klassischen Vitamin-Mangelkrankheiten wie Skorbut oder Rachitis heute keine Rolle mehr spielen. Das bedeutet aber nicht, daß wir uns immer op-

	Name	Chemische Bezeichnung	Biologische Funkion
Wasserlösliche Vitamine	B_1	Thiamin	Coenzym im Kohlenhydratstoffwechsel
	B_2	Riboflavin	Coenzym im Energiestoffwechsel
	B_6	Pyridoxin	Coenzym im Eiweißstoffwechsel
	B_{12}	Cobalamin	Coenzym im Baustoffwechsel
		Nicotinamid	Coenzym im Energiestoffwechsel
		Folsäure	Coenzym im Baustoffwechsel
		Biotin	Coenzym im gesamten Stoffwechsel
		Pantothensäure	Coenzym im Energiestoffwechsel
	C	Ascorbinsäure	aktiviert viele Enzyme, steigert die Immunabwehr
Fettlösliche Vitamine	A	Retinol	Bestandteil des Sehfarbstoffs
	D	Calciferol	reguliert den Calciumgehalt im Blut
	E	Tocopherol	schützt Zellmembranen vor Zerstörung
	K	Phyllochinon	an Blutgerinnung beteiligt

Tab. 4 Vitamine

timal mit allen Vitaminen versorgen. Viele Ernährungswissenschaftler warnen davor, daß unsere Vitaminversorgung **unzureichend** sei.

Eine Unterversorgung mit Vitaminen führt zwar nicht direkt zu Krankheiten, kann sich aber in Störungen des Wohlbefindens, in verminderter Leistungsfähigkeit und größerer Anfälligkeit gegenüber Infektionen bemerkbar machen. Das gilt vor allem für die Vitamine B_1 und C.

Die wichtigsten **Ursachen** für eine Unterversorgung mit Vitaminen sind **ein-** **seitige Ernährung** sowie **unsachgemäße Behandlung** von Lebensmitteln. Eine **Unterversorgung mit Vitamin B_1** kann durch zwei verbreitete Ernährungsfehler entstehen. Durch den häufigen Verzehr von **Süßigkeiten**, die bekanntlich sehr viel Zucker enthalten, entsteht ein hoher Bedarf an Vitamin B_1, weil dieses Vitamin als Coenzym an der Verarbeitung des Zuckers beteiligt ist. Süßigkeiten sind also richtige „B_1-Räuber", zumal in den meisten so gut wie kein Vitamin B_1 enthalten ist.

Eine der besten Vitamin-B_1-Quellen sind

Getreidekörner. Allerdings ist das Vitamin nicht gleichmäßig im Getreidekorn verteilt, sondern findet sich vor allem im Keimling. Der aber wird beim Mahlen der herkömmlichen Mehlsorten entfernt. Alle aus diesem **Weißmehl** hergestellten Nahrungsmittel (Brötchen, Brote, Kuchen, Nudeln) enthalten also nur geringe Mengen an Vitamin B_1. Auch für die Verarbeitung der Stärke in diesen Nahrungsmitteln benötigt unser Körper aber Vitamin B_1 als Coenzym!

Einige Vitamine werden durch Einwirken von Hitze beim Kochen oder durch enzymatischen Abbau zerstört. Zu lange Lagerung von Nahrungsmitteln, zu langes Kochen und mehrmaliges Aufwärmen von Speisen führt unweigerlich zu **Vitaminverlusten**, deren Ausmaß für die einzelnen Vitamine recht unterschiedlich sein kann.

4.2 Mineralstoffe und Spurenelemente

Mineralstoffe und Spurenelemente sind unentbehrliche chemische Substanzen,

	Chemische Bezeichnung	Biologische Funktion
Mineralstoffe	Calcium	Knochen- und Zahnaufbau, Stoffwechsel
	Phosphat	Knochen- und Zahnaufbau, Stoffwechsel
	Magnesium	Knochen- und Zahnaufbau, Stoffwechsel
	Kalium	Nerven- und Muskelerregung, Stoffwechsel
	Natrium	Nerven- und Muskelerregung, Wasserhaushalt
	Chlorid	Wasserhaushalt, Säurebildung im Magen
Spurenelemente	Eisen	Bestandteil von Hämoglobin, Stoffwechsel
	Jod	Bestandteil der Schilddrüsenhormone
	Zink	aktiviert viele Enzyme, steigert die Immunabwehr
	Kupfer	Bestandteil von Enzymen, aktivierend
	Mangan	Bestandteil von Enzymen, aktivierend
	Selen	schützt Zellmembranen, steigert die Immunabwehr
	Kobalt	Bestandteil von Vitamin B_{12}

Tab. 5 Mineralstoffe und Spurenelemente

die unser Körper vor allem für die Aufrechterhaltung seiner Stoffwechselvorgänge benötigt. Außerdem ist unser Organismus auf eine konstante mineralische Zusammensetzung seiner Körperflüssigkeiten angewiesen. Meist reichen **sehr geringe Mengen** dieser Substanzen aus (eben Spuren!). Da sie ständig mit Schweiß, Urin und Kot ausgeschieden werden, ist ein Ersatz über die Nahrungsaufnahme erforderlich.

Tabelle 5 gibt einen Überblick über die biologischen Funktionen der Mineralstoffe und Spurenelemente.

5. Stoffwechsel der Nährstoffe

Als **Stoffwechsel** werden alle chemischen Reaktionen in unserem Körper bezeichnet, die dem **Abbau** der mit der Nahrung aufgenommenen Nährstoffe, deren **Umbau** zu körpereigenen Substanzen und dem **Aufbau** von körpereigenen Großmolekülen dienen. Alle diese chemischen Reaktionen kämen aber nicht zustande, wenn der Körper nicht über geeignete **Bio-Katalysatoren** verfügen würde: die **Enzyme**.

5.1 Enzyme als Katalysatoren des Stoffwechsels

Katalysatoren kennen die meisten von der Abgasreinigung beim Auto. Die dabei verwendeten Platin-Katalysatoren haben die Aufgabe, eine bestimmte chemische Reaktion in Gang zu bringen, die die gefährlichen Oxide (Kohlenmonoxid, Stickoxide) im Abgas in harmlosere Substanzen umwandelt.

> ! Katalysatoren haben die **Eigenschaft, chemische Reaktionen zu beschleunigen**. Dabei wirken sie durch ihre bloße Anwesenheit. Sie werden nicht verändert und sie verbrauchen sich dabei auch nicht.

Die Katalysatoren unseres Körpers sind die **Enzyme**. Es gibt mehr als tausend verschiedene davon. Jedes Enzym vermag nämlich nur an **einer** ganz bestimmten **Substanz eine** ganz bestimmte **chemische Reaktion** zu katalysieren. Das liegt daran, daß Enzyme nach dem **Schlüssel-Schloß-Prinzip** arbeiten *(vgl. Abb. 6)*. Jedes Enzym ist ein relativ großes körpereigenes Protein, das so gestaltet ist, daß die Substanz, die zu einer chemischen Reaktion gebracht werden soll, räumlich genau zu diesem Enzym paßt. Abbildung 6 zeigt das am Beispiel des Rohrzuckers. Das dargestellte Enzym kann nur Rohrzucker in seine beiden Bestandteile (Traubenzucker und Fruchtzucker) spalten. Für andere Nährstoffe sind andere Enzyme zuständig.

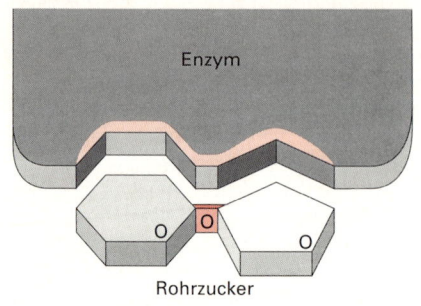

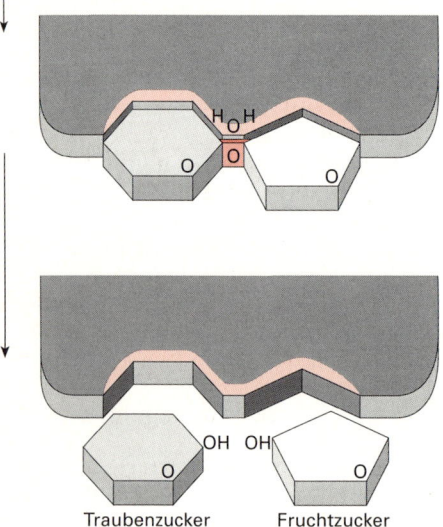

Abb. 6 Schlüssel-Schloß-Prinzip der Enzymwirkung

Enzyme arbeiten mit einer unglaublichen Geschwindigkeit. Unter optimalen Bedingungen können z. B. bis zu 1 Million Rohrzuckermoleküle pro Minute zerlegt werden.

Enzyme arbeiten aber nur optimal, wenn die Bedingungen in ihrer Umgebung stimmen: die richtige Temperatur (37 °C sind optimal), der richtige pH-Wert (das ist ein Maß für den Säuregehalt der Körperflüssigkeiten), die richtige mineralische Zusammensetzung.

Einige Enzyme benötigen für ihre Arbeit noch spezielle **Helfer**: die **Coenzyme**. Diese gehören – wie wir schon erläutert haben – zu den Vitaminen und müssen mit der Nahrung aufgenommen werden. Wer noch mehr wissen möchte, lese in der *Mentor Lernhilfe (ML) 68 (Stoffwechsel)* nach.

5.2 Verdauung der Nährstoffe

Wenn wir etwas verspeisen, gelangt die Nahrung zuerst in das Verdauungssystem unseres Körpers. Die Nährstoffe sind nämlich viel zu groß, um durch die Membranen zu gelangen, die alle Körperzellen umgeben. Deshalb müssen die Nährstoffe zunächst **zerkleinert** werden. Genau das passiert bei der **Verdauung**. Die Zerkleinerung erfolgt zum Teil **mechanisch** (z. B. durch Kauen), zum größten Teil jedoch **chemisch** durch die Einwirkung von Enzymen.

Einen Überblick über die **Verdauungsorgane** und ihre Aufgaben bei der Verdauung gibt Abbildung 7 (S. 24/25).

Unser **Verdauungssystem** gleicht – grob vereinfacht – einem langen **Rohr** (bestehend aus Mundhöhle, Speiseröhre, Magen, Dünn- und Dickdarm) mit anhängenden **Drüsen** (Mundspeicheldrüsen, Bauchspeicheldrüse, Leber).

Verfolgen wir nun den Weg der Nahrung durch unser Verdauungssystem an einem alltäglichen Beispiel: einer Scheibe Vollkornbrot, mit etwas Butter bestrichen und belegt mit Käse und einer Scheibe Tomate.

5.2.1 Verdauung im Mund

Zuerst gelangt die Nahrung in die Mundhöhle. Wir beißen mit den Schneidezähnen ein Stück vom Brot ab und zerkauen es anschließend mit den Mahlzähnen.

Durch das **Kauen** wird die Nahrung mechanisch zerkleinert und mit **Speichel** durchmischt. Die Speichelflüssigkeit wird von zahlreichen **Speicheldrüsen** im Mundbereich produziert. Speichel besteht im wesentlichen aus **Wasser**, **Schleim** und α-**Amylase**, einem Verdauungsenzym.

Wasser und Schleim machen den Nahrungsbrei **gleitfähig**, so daß er leicht geschluckt und durch die Speiseröhre weitergeleitet werden kann.

Die α-Amylase leitet die chemische Verdauung ein: sie spaltet die im Brot enthaltene **Stärke**, die aus tausenden von Traubenzuckermolekülen besteht, in kleinere Bruchstücke aus jeweils zwei Molekülen Traubenzucker, genannt **Malzzucker** (Maltose) *(vgl. Abb. 1, S. 9)*. Wieviel Stärke verdaut wird, hängt vor allem davon ab, wie ausgiebig der Bissen gekaut wird.

In der Mundhöhle findet auch eine **Begutachtung** der Nahrung statt. Die **Zunge** besitzt Sinneszellen, die allerdings nur zwischen „süß", „salzig", „sauer" und „bitter" unterscheiden können. Wenn uns ein Bissen zu „scharf" erscheint, werden Schmerzsinneszellen erregt. Erst zusammen mit den Meldungen der Riechsinneszellen in der **Nase** erhalten wir einen umfassenden Eindruck von **Geschmack** und **Geruch** einer Speise.

Versuch 1:

Stelle etwa gleich große Stücke von Apfel, Karotte und Sellerie her. Eine Versuchsperson mit verbundenen Augen und zugehaltener Nase soll sagen, was sie schmeckt.

Zur Weiterleitung in den Magen wird der Nahrungsbrei in geeigneten Portionen in die **Speiseröhre** gedrückt. Die muskulöse Speiseröhre befördert die Nahrungsportionen **aktiv** weiter bis zum Mageneingang.

5.2.2 Verdauung im Magen

Der Magen ist ein sackartiges Gebilde, das wegen seiner dehnbaren Wände ein Fassungsvermögen von 1 bis 3 Litern besitzt. Die im Magen ankommenden Nahrungsportionen werden zunächst in Schichten gestapelt. Sobald eine gewisse Menge zusammengekommen ist, wird durch die Dehnung der Magenwand reflektorisch ein Zusammenziehen der Muskeln in der Magenwand ausgelöst. Durch diese Bewegungen des Magens wird der Nahrungsbrei intensiv mit den Magensäften durchmischt und langsam Richtung Magenausgang („Pförtner") befördert.

Der **Magensaft** wird von bestimmten

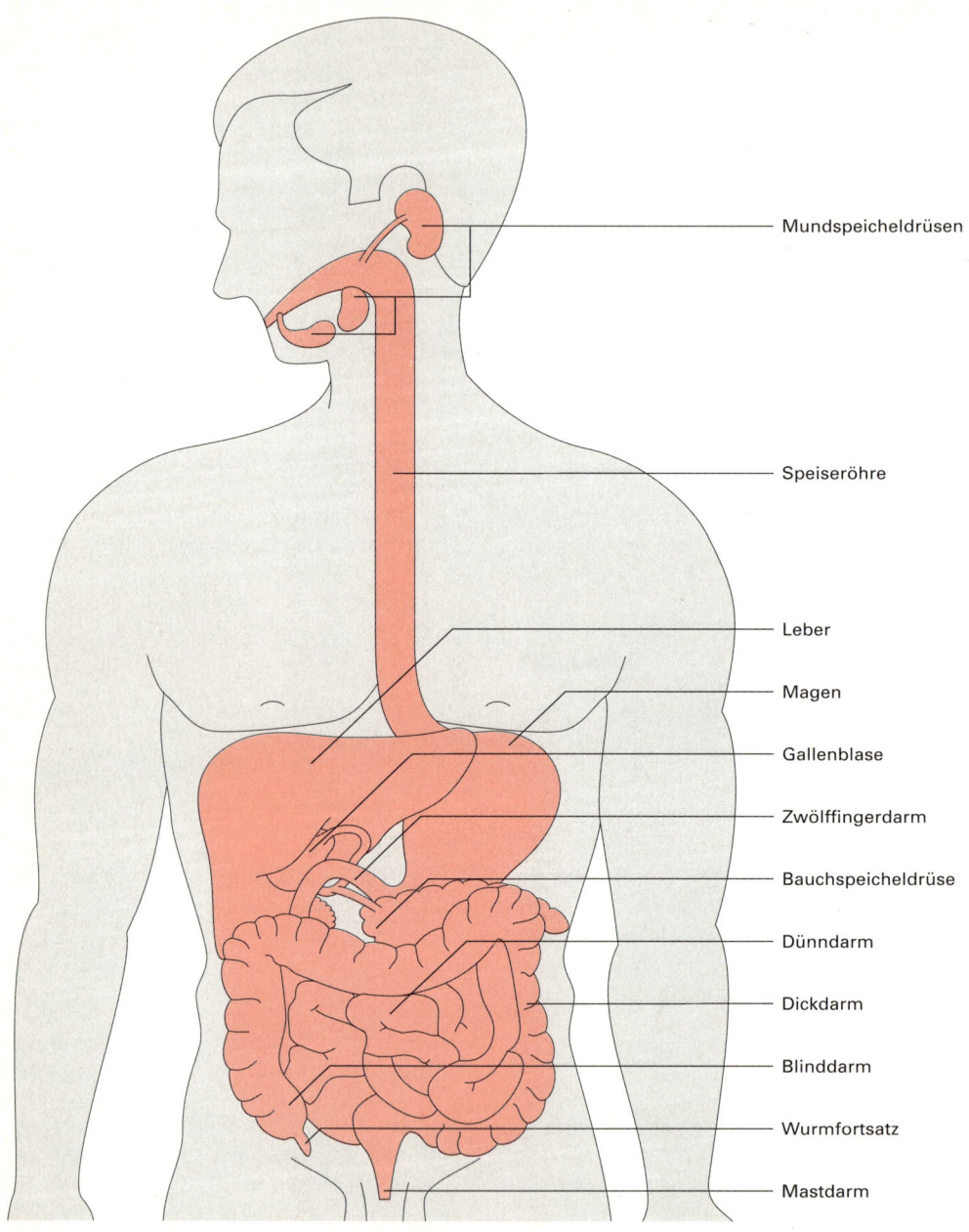

Mundspeicheldrüsen

Speiseröhre

Leber

Magen

Gallenblase

Zwölffingerdarm

Bauchspeicheldrüse

Dünndarm

Dickdarm

Blinddarm

Wurmfortsatz

Mastdarm

Abb. 7 Übersicht über das Verdauungssystem und vereinfachtes Schema der Verdauung

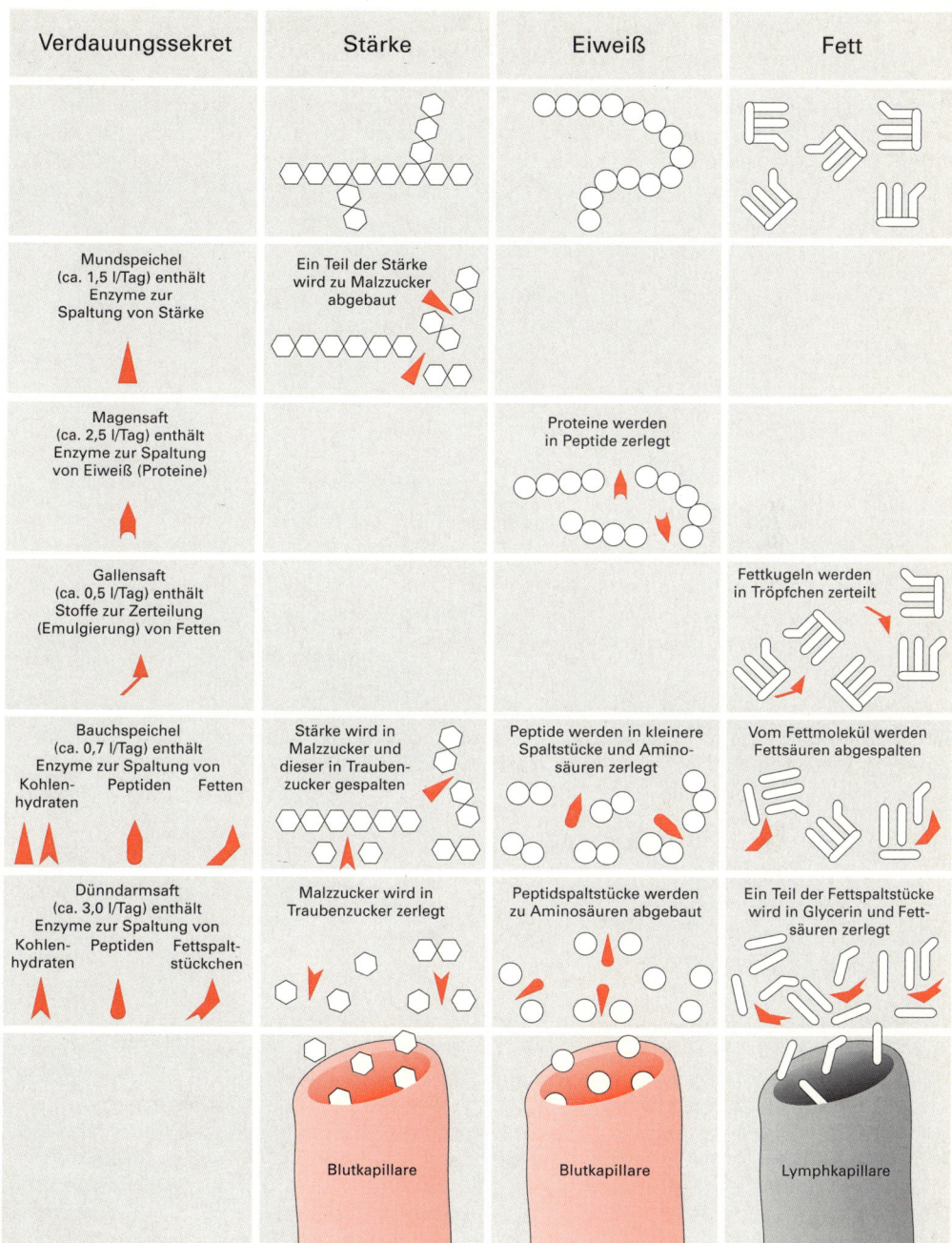

Verdauungssekret	Stärke	Eiweiß	Fett
Mundspeichel (ca. 1,5 l/Tag) enthält Enzyme zur Spaltung von Stärke	Ein Teil der Stärke wird zu Malzzucker abgebaut		
Magensaft (ca. 2,5 l/Tag) enthält Enzyme zur Spaltung von Eiweiß (Proteine)		Proteine werden in Peptide zerlegt	
Gallensaft (ca. 0,5 l/Tag) enthält Stoffe zur Zerteilung (Emulgierung) von Fetten			Fettkugeln werden in Tröpfchen zerteilt
Bauchspeichel (ca. 0,7 l/Tag) enthält Enzyme zur Spaltung von Kohlen- Peptiden Fetten hydraten	Stärke wird in Malzzucker und dieser in Trauben- zucker gespalten	Peptide werden in kleinere Spaltstücke und Amino- säuren zerlegt	Vom Fettmolekül werden Fettsäuren abgespalten
Dünndarmsaft (ca. 3,0 l/Tag) enthält Enzyme zur Spaltung von Kohlen- Peptiden Fettspalt- hydraten stückchen	Malzzucker wird in Traubenzucker zerlegt	Peptidspaltstücke werden zu Aminosäuren abgebaut	Ein Teil der Fettspaltstücke wird in Glycerin und Fett- säuren zerlegt
	Blutkapillare	Blutkapillare	Lymphkapillare

Zellen in der Magenwand hergestellt. Er besteht im wesentlichen aus Wasser, **Salzsäure**, dem Verdauungsenzym **Pepsin** und **Schleim**.

Durch die **Salzsäure** wird der Mageninhalt stark angesäuert, was jeder bei „Sodbrennen" auch schmecken kann. Dadurch verschiebt sich der pH-Wert.

Mit dem **pH-Wert** wird ausgedrückt, wie **sauer** oder **alkalisch** eine Flüssigkeit ist *(vgl. Abb. 8)*. Je saurer eine Flüssigkeit ist, desto niedriger ist der pH-Wert. Je höher der pH-Wert ist, desto alkalischer ist eine Flüssigkeit. Bei einem pH-Wert von 7 ist eine Flüssigkeit **neutral**.

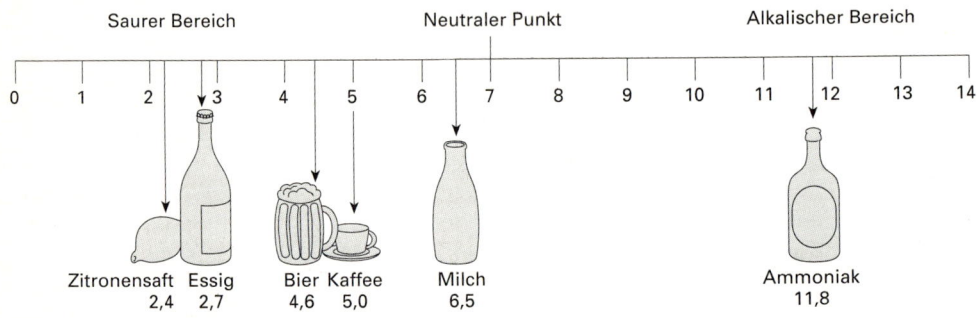

Abb. 8 Die pH-Wert-Skala

In Abbildung 8 sind der pH-Wert-Skala, die von 0 bis 14 reicht, einige Lebensmittel als Beispiele zugeordnet. Der Magensaft ist noch saurer als Zitronensaft. Er hat pH-Werte von 1–2. Unter diesen Bedingungen **gerinnen** die meisten Proteine.

Versuch 2:

Gib den Saft einer Zitrone in ein Glas und setze tropfenweise Milch dazu.

Von diesem Gerinnungsvorgang bleiben auch die mit der Nahrung aufgenommenen mikroskopisch kleinen Bakterien und Pilze nicht verschont; sie werden dadurch meistens abgetötet. Die Salzsäure des Magens gehört also zu den **unspezifischen Abwehrmechanismen** unseres Körpers („Desinfektionsschleuse").

Das Verdauungsenzym des Magens, das **Pepsin**, ist an dieses saure Milieu hervorragend angepaßt. Es wird erst in Gegenwart von Salzsäure besonders aktiv. Außerdem wird das Enzym zunächst als unwirksame Vorstufe (Pepsinogen) von Drüsenzellen der Magenwand freigesetzt und erst durch die Salzsäure in wirksames Pepsin umgewandelt. Pepsin

zerlegt die **Proteine** im Nahrungsbrei in kleinere Bruchstücke, die als **Peptide** bezeichnet werden *(vgl. Abb. 7, S. 25)*.
Die Eiweißverdauung im Magen wirft aber ein kleines Problem auf. Die Zellen des Magens bestehen nämlich zu einem nicht unerheblichen Teil selbst aus Eiweiß. Weshalb werden sie nicht vom Pepsin und der Salzsäure angegriffen? Der Magen schützt sich vor dieser Selbstverdauung durch eine dünne **Schleimschicht**, die das Mageninnere vollständig auskleidet. Die Schleimstoffe können miteinander verkleben und so die Magenwand regelrecht abdichten.
Der Schleim wird normalerweise kontinuierlich von bestimmten Zellen der Magenwand hergestellt. Wird die Schleimbildung jedoch gestört, unterbleibt die Schutzwirkung und es kann zu Magenschleimhautentzündungen oder sogar zu Magengeschwüren kommen. Besonders häufig sind davon Menschen betroffen, die stark rauchen, viel Alkohol trinken oder unter Streß stehen.
Wie lange der Nahrungsbrei im Magen bleibt, hängt sehr von seiner Zusammensetzung ab. „Leichtverdauliche" Speisen wie gekochte Kartoffeln, gekochter Reis oder gekochter Fisch werden schneller weiterbefördert als „Schwerverdauliches". Fettreiche Speisen „liegen" am längsten im Magen (bis zu 10 Stunden!), obwohl im Magen gar keine Fette verdaut werden. Das passiert erst im folgenden Zwölffingerdarm, in den der Nahrungsbrei portionsweise befördert wird.
Sobald ein Teil des Mageninhaltes den Zwölffingerdarm erreicht hat, werden die Magenbewegungen **gebremst**, so daß kein weiterer Nahrungsbrei nachgeschoben wird. Dadurch haben die Verdauungssäfte, die im Zwölffingerdarm dem Nahrungsbrei zugesetzt werden,

genügend Zeit, um einwirken zu können, bevor der Nahrungsbrei in andere Darmabschnitte weitergeschoben wird.
Die Hemmung der Magenbewegungen hängt von der Zusammensetzung des Nahrungsbreis ab: fetthaltige Speisen hemmen stärker als Kohlenhydrate und Eiweiße. Warum das so ist, erklären wir im nächsten Abschnitt.

5.2.3 Verdauung im Dünndarm

Der Dünndarm ist ein etwa 3 Meter langer Schlauch, der vielfach gewunden den Bauchraum ausfüllt. Die Mediziner unterteilen ihn in unterschiedlich lange Abschnitte. Am wichtigsten ist der **Zwölffingerdarm** (der etwa so lang ist wie zwölf Finger breit sind). In ihn münden die Ausführgänge der Leber und der Bauchspeicheldrüse *(vgl. Abb. 7, S. 24)*.

In der **Leber** wird der **Gallensaft** produziert. Gallensaft ist eine Mischung aus Wasser, Gallenfarbstoffen aus dem Abbau von Hämoglobin *(siehe dazu Kap. B.1)* und Gallensäuren. Wie Abbildung 9 zeigt, tragen die **Gallensäuren** dazu bei, die im Nahrungsbrei enthaltenen Fette, die in der Regel zusammengeklumpt sind (Fett ist nicht wasserlöslich!), in feinste Tröpfchen zu zerteilen; die Chemiker nennen das *„emulgieren"*. Durch diese **Oberflächenvergrößerung** werden die Fette für die wasserlöslichen Verdauungsenzyme leichter zugänglich.
Jetzt wird auch verständlich, weshalb Fette eine besonders große Hemmwirkung auf die Magenentleerung haben: ohne eine ausreichende Emulgierung wäre die Fettverdauung nicht möglich. Um zu gewährleisten, daß nicht ständig

a)

Fett

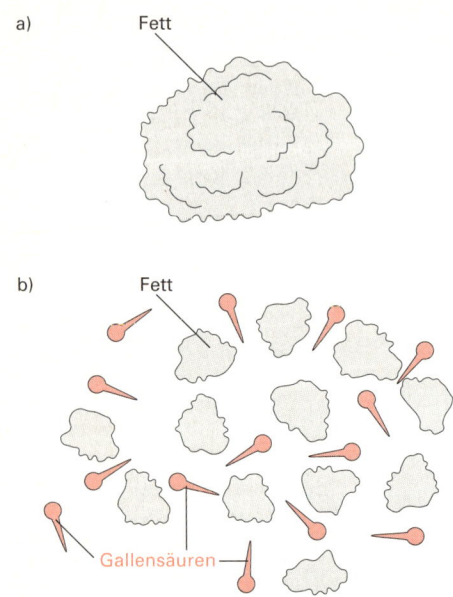

b)

Fett

Gallensäuren

*Abb. 9 a) nicht-emulgiertes Nahrungsfett,
b) Oberflächenvergrößerung durch
Emulgieren mit Gallensäuren*

Gallensaft in den Dünndarm läuft, wird
der Gallensaft zunächst in der Gallenblase gesammelt. Erst wenn fettreicher
Nahrungsbrei in den Zwölffingerdarm
gelangt, wird die Gallenblase entleert.
Der Gallensaft gelangt dann gleichzeitig
mit dem Verdauungssaft der Bauchspeicheldrüse in den Darm.

Die **Bauchspeicheldrüse** ist die wichtigste Verdauungsdrüse in unserem
Körper. Sie produziert nicht nur die meisten Verdauungsenzyme, sondern sie
bildet auch die Hormone zur Regulation
des Blutzuckerspiegels *(siehe dazu Kap.
E.3.1)*. Der **Bauchspeichel** besteht im
wesentlichen aus Wasser, verschiedenen
Verdauungsenzymen und Natron.

Zu diesen Verdauungsenzymen gehören:
eine **α-Amylase**, die – wie das entsprechende Enzym im Mund – Stärke in
Malzzucker verwandelt, und eine **Mal-
tase**, die den Malzzucker schließlich in
zwei **Traubenzuckermoleküle** spaltet;
eine **Lipase**, die **Fette** in **Glycerin** und
Fettsäuren zerlegt; zwei weitere Enzyme, **Trypsin** und **Chymotrypsin**, die
Proteine in kleinere Peptide zerlegen,
und schließlich **Erepsin**, das die Peptide
in einzelne **Aminosäuren** auftrennt.
Diese Enzyme sind am aktivsten, wenn
ihre Umgebung leicht **alkalisch** ist. Das
entspricht etwa einem pH-Wert von 8
(vgl. Abb. 8). Nun kommt aber saurer
Nahrungsbrei aus dem Magen. Unter
diesen Bedingungen wären die Verdauungsenzyme der Bauchspeicheldrüse
sehr träge. Deshalb enthält der Bauchspeichel **Natron** (chemisch exakt: Na-
triumhydrogencarbonat). Dieser Stoff
neutralisiert die Magensäure und sorgt
für das alkalische Milieu. Auf diesem
Effekt beruht auch die Wirkung säurebin-
dender Medikamente.
Durch die Enzyme des Bauchspeichels
werden die meisten Nährstoffe endgül-
tig in Bausteine zerlegt, die die Darmwand passieren können. Den Rest erledi-
gen die Verdauungsenzyme, die vom
Dünndarm abgegeben werden. Diese
Enzyme gelangen auf ganz ungewöhnliche Weise an den Nahrungsbrei: sie sitzen in den Membranen von **Schleimhautzellen**, die als ganze abgestoßen
werden.
Die Sekrete des Dünndarms enthalten
außerdem **Schleim**, der die Darmwand
vor Selbstverdauung schützen soll.

5.2.4 Resorption der Nährstoffe

Was ist aus unserem Käsebrot mit Tomate geworden *(vgl. Abb. 7, S. 25)*?
Die **Stärke** des Vollkornmehls, aus dem das Brot gebacken wurde, ist vollständig in die kleinsten Bestandteile, in **Traubenzucker**, zerlegt.
Die **Eiweiße** aus Käse und Butter wurden vollständig in die verschiedenen **Aminosäuren** aufgespalten.
Die **Fette** aus Käse und Butter sind größtenteils in **Glycerin** und **Fettsäuren** zerlegt.
Die **Vitamine**, die **Mineralstoffe** und das **Wasser** haben den Verdauungsvorgang ohne Veränderung überstanden.
Die Endprodukte der Stärke-, Eiweiß- und Fettverdauung werden nun zusammen mit den Vitaminen und den Mineralstoffen von den Schleimhautzellen der unteren Dünndarmabschnitte aufgenommen. Die Bausteine der Eiweiße (die **Aminosäuren**) und der Stärke (der **Traubenzucker**) werden in die **Blutkapillaren** der Darmwand weitertransportiert, die Bausteine der Fette (**Glycerin** und **Fettsäuren**) gelangen zunächst in die Kapillaren des **Lymphsystems**, erreichen aber mit dem Lymphstrom in der Nähe des Herzens ebenfalls das Blut *(siehe dazu Kap. B)*.
Die Dünndarmwand ist für diese **Resorption*** der Nährstoffe zweckmäßig gebaut *(Bau-/Funktionszusammenhang, vgl. dazu ML 67)*. Wie Abbildung 10 zeigt, ist durch verschiedene Ausstülpungen die **Oberfläche extrem vergrößert**.
Wäre der Dünndarm nur ein einfacher Schlauch von 3 m Länge und einem Durchmesser von 4 cm, würde seine Innenfläche etwa 0,3 m^2 betragen. Durch die Ausbildung von **Falten** vergrößert sich die Fläche auf etwa 1 m^2. Aus den Falten ragen kleinere **Zotten**, die die

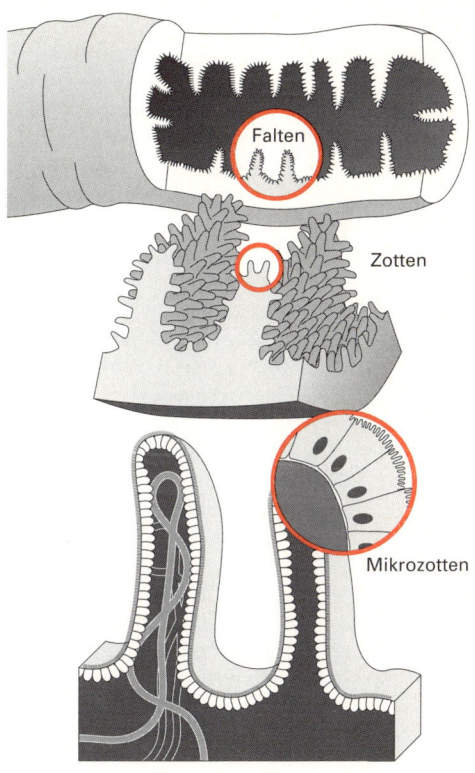

Abb. 10 Oberflächenvergrößerung des Dünndarms

Innenfläche auf 10 m^2 vergrößern. Den größten Beitrag leisten allerdings die Zellen der Darmschleimhaut. Sie besitzen zum Darminnenraum hin mikroskopisch kleine **Mikrozotten**, die die gesamte Darmoberfläche auf **200 m^2** vergrößern.
Das entspricht der Größe eines Tennisplatzes. Die **Resorptionskapazität** des Dünndarms ist durch diese Oberflächenvergrößerung **600fach** größer als bei der Schlauch-Variante.

Einige Nahrungsbestandteile werden allerdings gar nicht oder nur bedingt resorbiert. Das gilt vor allem für eine Stoffgruppe, die wir bisher außer acht gelassen haben: die **Ballaststoffe**. Dabei handelt es sich im wesentlichen um Faserstoffe, aus denen die Zellwände von Pflanzen aufgebaut sind, vor allem um **Cellulose**.

Cellulose gehört chemisch zur Gruppe der Kohlenhydrate, denn sie besteht – wie die Stärke – aus tausenden von Traubenzuckermolekülen. Unser Körper kann Cellulose aber nicht abbauen, weil wir **kein Verdauungsenzym** für Cellulose besitzen.

Diese Tatsache verleitete die Forscher ursprünglich zu der Annahme, daß es sich um einen völlig überflüssigen, die Verdauungsorgane unnötig **belastenden Stoff** handelt, der nach Möglichkeit gemieden werden sollte. Vermutlich stammt daher auch die Bezeichnung „Ballaststoff". Weit gefehlt! Ballaststoffe haben so viele positive Wirkungen, daß sie heute zu den **unverzichtbaren** Nahrungsbestandteilen gerechnet werden.

Ballaststoffe binden viel Wasser und sorgen auf diese Weise für eine **Volumenzunahme** des Nahrungsbreis. Das führt zu einer **verzögerten** Entleerung des Magens und damit zu einem größeren **Sättigungseffekt** *(siehe dazu Kap. A.6).* Durch die bessere Darmfüllung werden die **Darmbewegungen** gefördert, was zu einer Verkürzung der Darmpassagezeit und zu regelmäßigem **Stuhlgang** führt.

Ballaststoffe binden außerdem viele weitere, zum Teil auch **giftige** Substanzen, die zunehmend unsere Nahrungsmittel belasten, u. a. Substanzen, die **Krebs** hervorrufen können.

5.2.5 Vorgänge im Dickdarm

Der Dünndarm mündet in den **Dickdarm** *(vgl. Abb. 7, S. 24),* allerdings seitlich, so daß der Dickdarm nicht übergangslos aus dem Dünndarm hervorgeht, sondern an dieser Stelle „blind" endet. An diesem **Blinddarm** sitzt ein etwa 10 cm langer **Wurmfortsatz**, der sich leider sehr häufig entzündet und dann durch eine Operation entfernt werden muß, damit es nicht zu einer schweren Bauchfellentzündung kommt.

Der Dickdarm heißt so, weil er 1. mit 5–8 cm Durchmesser **dicker** ist als der Dünndarm, und weil hier 2. der Nahrungs(reste)brei **eingedickt** wird. Das geschieht durch die **Resorption von Wasser**. Dieses Wasser stammt nur zu einem geringen Anteil aus der aufgenommenen Nahrung; das meiste wurde dem Nahrungsbrei mit den Verdauungssäften zugeführt. Um den Wasserverlust unseres Körpers so gering wie möglich zu halten, wird der größte Teil im Dickdarm zurückgewonnen. Zusammen mit dem Wasser werden **Mineralstoffe** und **Vitamine** resorbiert.

Einige Vitamine werden in diesem Darmabschnitt erst hergestellt, und zwar von **Bakterien**, die hier in großer Zahl leben (etwa 100 Milliarden in einem Gramm Nahrungsbrei!). Diese **Darmflora** hat aber noch andere biologische Aufgaben: sie verhindert vermutlich die Besiedlung des Darmes mit Krankheitserregern und stimuliert das Abwehrsystem. Der eingedickte Speisebreirest, der als **Kot** durch den **Mastdarm** ausgeschieden wird, kann bis zu 75% aus diesen Bakterien bestehen.

Aufgabe:

a) Benenne die in Abbildung 11 dargestellten Verdauungsorgane.
b) Unterstreiche die Verdauungsorgane, die Verdauungsenzyme herstellen.
c) Schraffiere mit einem Bleistift die Flächen der Organe, in denen Verdauungsvorgänge stattfinden.

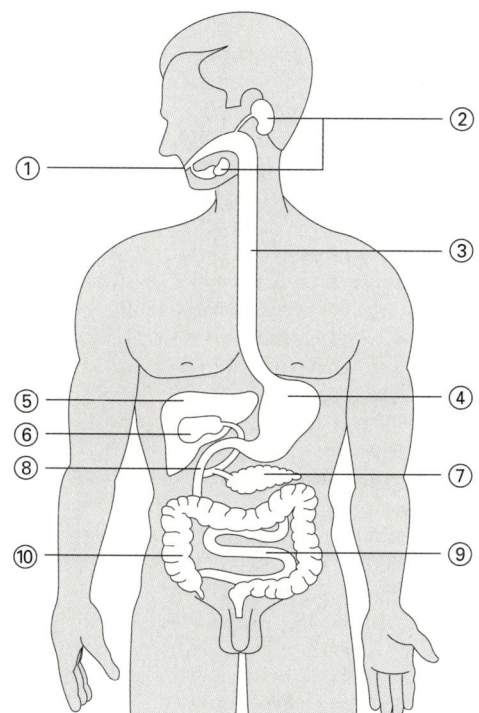

Abb. 11 Übersicht über das Verdauungssystem

5.3 Stoffwechsel der Nährstoffe

Wir wollen die Stoffwechselvorgänge hier nur ganz allgemein skizzieren, weil für das Verständnis der Details einige Vorkenntnisse in Biochemie erforderlich

sind. Interessierte können in unserem Stoffwechsel-Band *(ML 68)* weiterlesen.

Die Nährstoffe werden nach der Verdauung über die Dünndarmwand resorbiert und mit dem **Blut** (teilweise mit der Lymphe) zu den einzelnen Körperzellen transportiert.

Die Stoffwechselvorgänge in den Zellen unseres Körpers können vereinfacht in zwei große Bereiche unterteilt werden: Energiestoffwechsel und Baustoffwechsel.

Im **Energiestoffwechsel** werden vor allem **Traubenzucker** und **Fettsäuren** vollständig zu Kohlendioxid und Wasser **abgebaut**. Dazu wird **Sauerstoff** benötigt („Verbrennung"), den wir über die Atmung aus der Luft aufnehmen *(siehe dazu Kap. C.4)*. Die in den Brennstoffen enthaltene **Energie** wird etwa zur Hälfte als **Wärme** frei. Der Rest wird in einem besonderen Molekül gespeichert, das alle energieverbrauchenden Vorgänge in unserem Körper antreibt (**ATP**, Adenosintriphosphat). Auch **Aminosäuren** können hier verwertet werden, allerdings nur, wenn sie nicht im Baustoffwechsel benötigt werden.

Im **Baustoffwechsel** kommt es auf eine ausgewogene Zusammensetzung der Nahrungsbestandteile an. Hier werden vor allem die **Aminosäuren** zum Aufbau körpereigener Proteine herangezogen. Zu diesem Bereich des Stoffwechsels gehören alle Reaktionen, über

die körpereigene Stoffe aus Nahrungsbestandteilen hergestellt werden (z. B.
Hormone, Signalstoffe im Nervensystem, Membranbestandteile usw.).
Alle chemischen Reaktionen im Stoffwechsel werden durch **Enzyme** kataly-
siert. Die meisten Enzyme arbeiten zusammen mit Helfern **(Coenzyme)**, die
aus bestimmten **Vitaminen** hergestellt
werden. Außerdem benötigen sie zu ihrer Aktivierung bestimmte **Mineralstoffe**, die mit der Nahrung aufgenommen werden.

5.4 Speicherung von Nährstoffen

Unser Körper verbraucht ständig Nährstoffe zur Aufrechterhaltung der Stoffwechselvorgänge. Theoretisch müßten
wir also ständig essen, um die ver-
brauchten Nährstoffe zu ersetzen (es soll
ja Personen geben, die das so machen).
Tatsächlich essen wir aber nur zu bestimmten Zeiten; jeder Mensch individu-
ell mit unterschiedlichen Abständen und
Mengen. Wie soll der Körper da zurecht
kommen?
Unser Körper legt nach jeder Nahrungsaufnahme **Depots** an, allerdings nur für
Kohlenhydrate und Fette. Da **Aminosäuren** nicht zur Vorratshaltung gespeichert werden können, ist in diesem Fall
nur das vorhandene Körpereiweiß ein
potentielles Depot. Deshalb ist die regelmäßige Zufuhr einer ausreichenden Ei-
weißmenge so lebenswichtig!
Traubenzucker wird in der Leber und
in den Muskeln zu riesigen Speichermo-
lekülen verkettet: zu **Glycogen**. Aus
dem Leberglycogen kann bei Bedarf wieder Traubenzucker ins Blut freigesetzt
werden. Das Muskelglycogen dient nur
der Energieversorgung der Muskulatur.
Ein Erwachsener kann allerdings nur so

viel Glycogen aufbauen, daß der Energiebedarf eines Tages gedeckt werden
kann. Alle Kohlenhydrate, die nicht mehr
in Form von Glycogen gespeichert werden können, verwandelt die Leber in
Fett.
Dieses Fett wird zusammen mit dem
überschüssigen Fett aus der Nahrung in
Fettzellen deponiert. Diese Fettzellen
befinden sich vor allem im Bindegewebe
unter der Haut. In den Industrieländern
haben Erwachsene im Durchschnitt soviel Fett gespeichert, daß sie einen Monat ohne Nahrung auskommen könnten.

Übergewicht beruht in der Regel auf
solchen Fettdepots. Dabei können sich
die Fettzellen **vermehrt** oder **vergrößert** haben. Vergrößerte Fettzellen können durch eine Diät wieder verkleinert
werden, während uns die neugebildeten
Fettzellen bis ans Lebensende erhalten
bleiben und tagtäglich ihren Tribut for-
dern *(siehe dazu Kap. A.6)*.

5.5 Ausscheidung von
Stoffwechselabfällen

Bei den Stoffwechselreaktionen, die sich
in den Zellen unseres Körpers abspielen,
entstehen Substanzen, die für den Organismus nicht mehr nutzbar oder sogar
schädlich sind. Sie müssen aus dem Körper entfernt werden. Die wichtigsten
Ausscheidungsorgane sind neben
dem **Darm** und der **Lunge** *(vgl. Kap. C)*
die **Haut** und die **Nieren**.

Die **Haut** ist nicht einfach eine stabile
Begrenzung unseres Körpers, die die
Organe im Inneren zusammenhält, son-
dern selbst ein aktives Organ. Auf einer
Fläche von etwa 2 m² beim Erwachsenen
befinden sich rund 2,5 Millionen

Schweißdrüsen. Sie bestehen aus einem mikroskopisch kleinen Drüsenschlauch, der in der Unterhaut ein Knäuel bildet. Dieses Knäuel ist von Blutkapillaren durchzogen, die der Drüse die auszuscheidenen Stoffe zuführen. Der abgesonderte **Schweiß** ist ein Gemisch, das vor allem aus **Wasser** und, wie der Geschmack verrät, aus **Salz** besteht.
Wie wir bereits erläutert haben *(vgl. Kap. A.3.5)*, hängt die Schweißabgabe sehr vom Ausmaß der körperlichen Betätigung ab. Mit der Wasserverdunstung leitet unser Körper einen Teil der überschüssigen **Wärme** ab, die im Energiestoffwechsel entsteht.

Die **Nieren** haben in unserem Körper zwei Aufgabenbereiche. Sie scheiden zum einen die meisten der im Stoffwechsel anfallenden Abfallstoffe aus, und sie sorgen zum anderen dafür, daß die Wasserbilanz des Körpers immer stimmt *(vgl. Kap. A.3.5)*. Die in den Nieren ausgeschiedene Flüssigkeit wird mitsamt der in ihr gelösten Stoffe als **Harn** oder **Urin** über die Harnleiter in die **Harnblase** geleitet und von dort in Abständen über die Harnröhre entleert.
Der häufigste Abfallstoff entsteht im Eiweißstoffwechsel. Es handelt sich um **Ammoniak**, ein starkes Zellgift. Es wird in der **Leber** in ungiftigen **Harnstoff** verwandelt und ans Blut abgegeben. Über die Nieren wird er mit dem Harn ausgeschieden.
Die beiden Nieren bestehen aus etwa 1–2 Millionen mikroskopisch kleinen Bauelementen, den Nierenkanälchen. Jedes einzelne bildet am Tag nur einen winzigen Tropfen Harn, aber alle zusammen kommen auf etwa 1,5 Liter.
Abbildung 12 zeigt ein solches **Nierenkanälchen** (Nephron) in starker Vergrößerung.

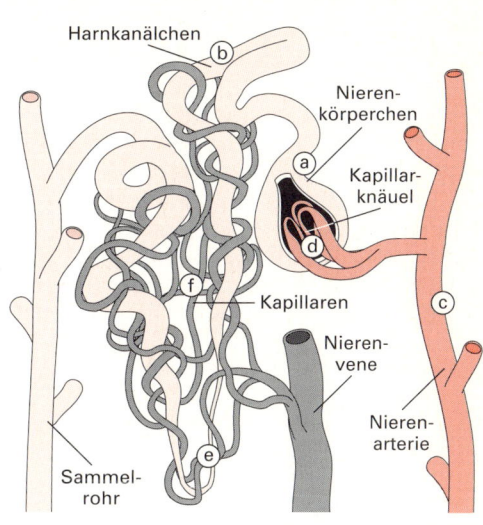

Abb. 12 *Schema eines Nierenkanälchens*

Es besteht aus einer doppelwandigen Kapsel, dem **Nierenkörperchen** ⓐ, in das Flüssigkeit aus dem Blut abgepreßt wird, und aus dem **Harnkanälchen** ⓑ, in dem die abgefilterte Flüssigkeit konzentriert wird. Die Länge aller Harnkanälchen wird auf etwa 100 km geschätzt! In jedes Nierenkörperchen führt ein kleines Blutgefäß ⓒ, das sich im Inneren in ein Knäuel von Kapillaren auffächert ⓓ, so daß das Blut über eine große Oberfläche mit dem Nierenkanälchen in Kontakt kommt.
Die abgepreßte Blutflüssigkeit wird als **Primärharn** bezeichnet. Sie enthält außer Wasser vor allem Traubenzukker, Harnstoff und Kochsalz. Von jedem Liter Blut, der durch die Nieren fließt, werden etwa 20% als Primärharn herausgefiltert. Das sind pro Tag rund 150 Liter. Da wir aber täglich nur etwa 1,5 Liter Harn ausscheiden, bedeutet dies, daß in den Harnkanälchen bis zu 99% des Wassers

ins Blut zurücktransportiert werden. Außerdem werden dem Primärharn alle Stoffe entzogen, die der Organismus noch gebrauchen kann, also Traubenzukker, Aminosäuren, Vitamine, Mineralstoffe. Für diese **Rückresorption** bildet ein Harnkanälchen eine **Schleife** ⓔ, die von vielen kleinen Blutkapillaren umsponnen ist ⓕ *(vgl. Abb. 12)*.

Wieviel Wasser rückresorbiert wird, hängt von der Wasserbilanz unseres Körpers ab. Bei starkem Wasserverlust, z. B. durch Schwitzen, wird das Blut etwas dickflüssiger. Die Hypophyse *(vgl. Kap. E.2)* setzt daraufhin ein **Hormon** frei, das die Wasserdurchlässigkeit der Harnkanälchen erhöht. Dem Primärharn wird dann vermehrt Wasser entzogen, der Harn wird konzentrierter und die Harnmenge geringer. Der gleichzeitig auftretende **Durst** sorgt für ein Auffüllen des Körperwassers.

Aufgabe:

Was passiert, wenn das Blut durch eine zu große Flüssigkeitsaufnahme verdünnt wird?

6. Die Regulation der Nahrungsaufnahme

Unser Organismus verbraucht tagtäglich eine bestimmte Menge an Nährstoffen zur Erhaltung seiner Lebensvorgänge und seiner Leistungsfähigkeit. Die Nährstoffe werden durch die Aufnahme von Nahrung dem Körper zugeführt. Diese Zufuhr erfolgt in der Regel **bedarfsgerecht**, d. h. die meisten Menschen essen und trinken – mit geringfügigen Abweichungen – gerade soviel, wie der Körper benötigt. Das erscheint selbstverständlich; es beruht allerdings auf einer erstaunlichen Steuerungsleistung unseres Körpers, an der Nervensystem und Hormonsystem beteiligt sind *(vgl. auch Kap. E)*. Der Körper reguliert dabei die drei W's: wann, was und wieviel.

Wann: Der Körper registriert, wenn sich sein Versorgungszustand verschlechtert. Dann werden entsprechende Signale an das **Hungerzentrum** im Gehirn (genauer: im Hypothalamus) geleitet. Das **Hungergefühl**, das dabei entsteht, verleitet uns zum Essen. Wir fühlen das meist als „knurrenden" Magen, aber diese unangenehmen Magenkrämpfe tragen wenig zum Hungergefühl bei. Fehlender Traubenzucker, Verringerung der Wärmebildung und Fettabbau sind die entscheidenden Hungerauslöser. Und natürlich die Uhr! Wir Menschen lernen schon sehr früh, daß zu bestimmten Zeiten gegessen wird. Der Körper gewöhnt sich daran und entwickelt dann „rechtzeitig" Hungergefühle. Leider führt diese Angewohnheit häufig dazu, daß die „natürlichen" Hungersignale verlernt werden.

Was: Welche Speisen wir essen, hängt von vielen Faktoren ab. Angeborene Vorlieben werden im Laufe des Lebens durch Kultur, Erfahrung und Tradition ergänzt. Die meisten Menschen haben ausgeprägte Ernährungsgewohnheiten, die sich nur schwer mit dem Versorgungsbedarf des Körpers erklären lassen. Die Motive für die **Lebensmittelauswahl** sind oft so wenig ernährungsbezogen, daß **Ernährungsfehler** und daraus resultierende Krankheiten nicht ausbleiben *(siehe dazu den nächsten Abschnitt).*

Wieviel: Der Körper registriert nicht nur, wenn sich sein Versorgungszustand verschlechtert, sondern auch, wenn er ausreichend versorgt ist. Dann werden entsprechende Signale an das **Sättigungszentrum** im Gehirn geleitet. Das **Sätti-**

gungsgefühl, das dabei entsteht, sorgt in der Regel dafür, daß die Nahrungsaufnahme eingestellt wird. Dazu tragen viele Faktoren bei. Einige wirken **vor der Resorption** der Nährstoffe: das Riechen und Schmecken der Speisen, das Kauen, die Magenfüllung und der Verdauungsvorgang. Diese Faktoren sorgen dafür, daß eine Mahlzeit **beendet** wird. Wie lange das Sättigungsgefühl **anhält**, hängt von Faktoren ab, die erst **nach der Resorption** der Nährstoffe wirksam werden: bei ausreichender Versorgung mit Traubenzucker und aufgefüllten Fettdepots läßt der nächste Hunger auf sich warten.

7. Ernährungsbedingte Krankheiten

„Der Mensch ist, was er ißt" – dieses alte Sprichwort macht deutlich, daß der Zusammenhang von Gesundheit, Krankheit und Ernährung schon sehr lange bekannt ist. Die Ernährungsmedizin, die sich mit diesem Zusammenhang wissenschaftlich befaßt, versucht herauszufinden, **wodurch** ernährungsbedingte Krankheiten hervorgerufen werden.

Von **Ernährungsfehlern** können viele Teile des Körpers betroffen sein. Grundsätzlich lassen sich unterscheiden:
– Stoffwechselkrankheiten
– Herz- und Kreislaufkrankheiten
– Krankheiten der Verdauungsorgane
– Krebserkrankungen
– Mangelerkrankungen.

Die Herz- und Kreislaufkrankheiten behandeln wir im nächsten Kapitel. Sie entstehen allerdings in vielen Fällen **als Folge** von Stoffwechselkrankheiten, die ihrerseits meist erst bei Übergewicht auftreten. Übergewicht scheint generell

der wichtigste **Risikofaktor** für ernährungsbedingte Krankheiten zu sein. Wir behandeln hier deshalb auch das Übergewicht, obwohl es sich strenggenommen um keine Krankheit handelt.

7.1 Übergewicht (Adipositas)

Die weitaus häufigste Folge fehlerhafter Ernährung ist das **Übergewicht** (medizinisch: Adipositas*). Es handelt sich in der Regel um eine übermäßige Ansammlung von Fettdepots im Unterhautgewebe. Diese **Fettdepots** resultieren – wie wir schon erläutert haben *(vgl. Kap. A.2.3)* – aus einer **Störung des Energiegleichgewichts**. Dazu kommt es unweigerlich, wenn die „Kalorienzufuhr" den Energiebedarf des Körpers dauerhaft übersteigt. Dabei essen Übergewichtige nicht unbedingt mehr als Normalgewichtige oder Schlanke. Alle

Versuche, typische Eßgewohnheiten zu identifizieren, die zu Übergewicht führen, sind bisher fehlgeschlagen. Übergewichtige **verbrauchen weniger**, sowohl im Grundumsatz (z. B. geringere Wärmebildung) als auch im Leistungsumsatz (z. B. Bewegungsmangel).

Wann ein Mensch als übergewichtig gilt, ist wissenschaftlich gar nicht eindeutig. Den meisten reicht ein Blick in den Spiegel. Auf der Waage beginnen aber die Definitionsprobleme: Welches Gewicht ist eigentlich anzustreben?

Das bisher übliche Verfahren, sein „Normalgewicht" zu bestimmen, war die folgende Formel:

Körpergröße in cm minus 100

Danach darf ein 1,80 m großer Mensch 80 kg wiegen. Bei sehr großen und sehr kleinen Menschen versagt allerdings die Formel.

Diesen Mangel gleicht der **Body Mass Index (BMI)** etwas aus, da die Werte stärker mit der Masse des Fettgewebes in Beziehung stehen (korrelieren*).

$$\textbf{BMI} = \frac{\textbf{Körpergewicht in kg}}{\textbf{(Körpergröße in m)}^2}$$

A/6

Aufgabe:

Berechne den BMI für eine Frau, die 1,72 m groß ist und 63 kg wiegt.

Es gibt aber auch eine einfachere Möglichkeit, seinen BMI zu bestimmen: mit Hilfe von Tabelle 6.

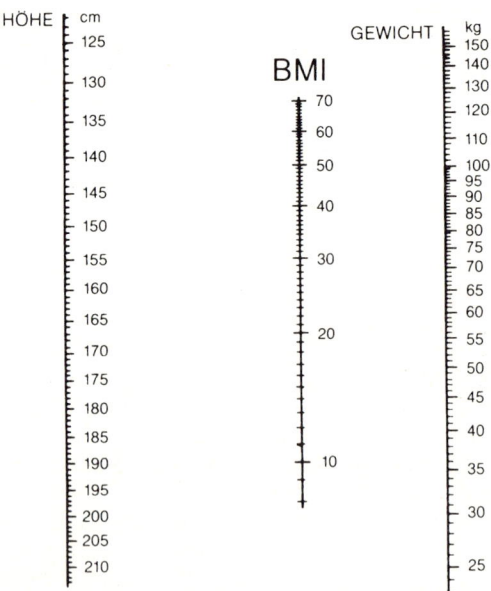

Tab. 6 Tabelle zur Feststellung des BMI

Dazu legt man ein Lineal links an den zutreffenden Wert der Körpergröße an und verbindet ihn mit dem Wert des augenblicklichen Körpergewichts in der rechten Spalte. In der mittleren Spalte kann der BMI abgelesen werden.

Für Frauen liegt das akzeptable Normalgewicht bei einem BMI von 19 bis 24, für Männer von 20 bis 25. Übergewicht beginnt darüber. Bei einem BMI von über 30 wird Übergewicht zum gesundheitlichen **Risikofaktor**. Es fördert den Ausbruch der meisten Stoffwechselkrankheiten *(vgl. Kap. A.7.2)* und ist ein wesentlicher Mitverursacher von Herz-/Kreislaufkrankheiten *(vgl. Kap. B.3.4)*.

Nach neueren Befunden spielt der **Typ** des Übergewichts eine große Rolle. Fettansammlungen **am Bauch** („Apfel-Typ") sollen riskanter sein als im Gesäß- und Oberschenkelbereich („Birnen-Typ").

7.2 Stoffwechselkrankheiten

Stoffwechselkrankheiten sind **Störungen** des Abbaus, Umbaus, Einbaus, der Speicherung und Ausscheidung von Substanzen, die mit der Nahrung aufgenommen werden. Es können sämtliche Stoffgruppen betroffen sein, die für die Funktion unseres Körpers wichtig sind.

Fast alle Stoffwechselkrankheiten werden nach den Mendel'schen Regeln **vererbt** *(siehe dazu den Genetik-Band, ML 66)*. Am bekanntesten ist die **Phenylketonurie (PKU)**, eine Störung im Abbau der Aminosäure Phenylalanin, die unbehandelt zu Schwachsinn führt. Eins von etwa 10 000 Neugeborenen ist davon betroffen. Alle anderen vererbten Stoffwechselkrankheiten sind noch seltener.

Die in der Bevölkerung **häufig** auftretenden Stoffwechselkrankheiten (Diabetes, Fettstoffwechselstörungen, Gicht) setzen ebenfalls eine **erbliche Veranlagung** voraus. Allerdings tritt die Krankheit nur in Erscheinung, wenn weitere, meist ernährungsbedingte Faktoren hinzukommen. Wie schon erläutert, kommt dem **Übergewicht** dabei die wichtigste Rolle zu. Wir wollen das am Beispiel der Zuckerkrankheit erläutern.

Bei der **Zuckerkrankheit (Diabetes mellitus*)** kommt es zu einer krankhaft erhöhten Ausscheidung von Traubenzucker mit dem Urin; daher hat die Krankheit ihren Namen. Der Fehler liegt aber nicht in den Nieren *(vgl. Kap. A.5.5)*, sondern in einem stark **überhöhten Blutzuckerspiegel**. Dazu kommt es, weil die Bauchspeicheldrüse entweder **zu wenig** oder **gar kein Insulin** mehr herstellt. Insulin ist das Hormon, das normalerweise den Blutzuckerspiegel senkt (siehe dazu *Kap. E.3*).

Bei der selteneren Form, dem **Typ I** (früher: Jugenddiabetes), kommt es aufgrund einer **erblichen Veranlagung** zu einer fatalen Reaktion des körpereigenen Abwehrsystems gegen die Insulin-produzierenden Zellen, die durch diesen Angriff vollständig **zerstört** werden, so daß überhaupt kein Insulin mehr hergestellt werden kann.

Bei der häufigeren Form, dem **Typ II** (früher: Altersdiabetes), spielt neben der **erblichen Veranlagung** das **Übergewicht** eine entscheidende Rolle. Die Überernährung des Körpers führt dazu, daß die Körperzellen immer schlechter auf Insulin ansprechen; sie werden **unempfindlich**. Die Bauchspeicheldrüse versucht, über eine Steigerung der Insulin-Freisetzung den Blutzuckerspiegel doch noch zu senken. Das führt schließlich zu einer **Erschöpfung der Insulin-**

Herstellung. *(Wer dazu mehr wissen möchte, lese in ML 69 nach.)* Im Frühstadium kann die Krankheit durch Gewichtsabnahme noch verhindert werden. Sind aber die Insulin-produzierenden Zellen erst einmal erschöpft, müssen neben der Gewichtskontrolle noch Medikamente eingenommen werden. Zu den häufigsten Folgeerkrankungen gehören **Gefäßverengungen** (Arteriosklerose), die zu Durchblutungsstörungen führen. Betroffen sind praktisch alle Arterien, besonders jedoch die kleinen Gefäße in der Netzhaut des Auges und in den Nieren, sowie größere Gefäße im Gehirn, am Herz und in den Beinen *(siehe dazu Kap. B.3.2.1).*

Teste dein Wissen!

Aufgaben A7–A15:

A/7   Wie ist der tägliche Energieumsatz eines Menschen zusammengesetzt und von welchen Faktoren hängt er ab?

A/8   Welche Nährstoffe sind in unserer Nahrung enthalten und wie werden sie im Körper verwertet?

A/9   Wie wird die biologische Wertigkeit von Nahrungseiweiß definiert? Wovon hängt sie ab?

A/10   Weshalb müssen die Nährstoffe verdaut werden?

A/11   Welche Aufgabe haben Enzyme in unserem Körper? Erläutere ihre besonderen Eigenschaften.

A/12   Was ist die wichtigste Aufgabe von Vitaminen und Mineralstoffen in unserem Körper?

A/13   Aus welchem Grund können wir pflanzliche Cellulose nicht verdauen? Weshalb wird sie trotzdem zu den unverzichtbaren Nahrungsbestandteilen gerechnet?

A/14   Weshalb führt jede überschüssige Nährstoffzufuhr unweigerlich zu Übergewicht?

A/15   Welcher Zusammenhang besteht zwischen Übergewicht und der häufigeren Form der Zuckerkrankheit (Diabetes Typ II)?

B. Blut und Blutkreislauf

Geschichtliches

Im klassischen Altertum ist Blut als Heil- und Verjüngungstrank verwendet worden, wahrscheinlich hat man auch schon versucht, einem Menschen Blut eines anderen zu übertragen.

Aber erst mit der Entdeckung des Blutkreislaufes durch William Harvey im Jahre 1628 waren die Voraussetzungen gefunden, um eine Blutübertragung erfolgreich durchzuführen, was in den folgenden Jahren in vielen Ländern dazu führte, daß mit Übertragungen von Tier zu Tier – aber auch vom Tier auf den Menschen – intensiv experimentiert wurde. Dabei erfreute sich das Schaf als Blutspender besonderer Beliebtheit.

Vom Ende des 17. Jahrhunderts werden dann auch erfolgreiche Blutübertragungen vom Schaf auf den Menschen beschrieben. Als Nachteil soll allerdings eine „Schafs-Melancholie" aufgetreten sein. In einem Bericht von französischen Wissenschaftlern, die zur gleichen Zeit mit

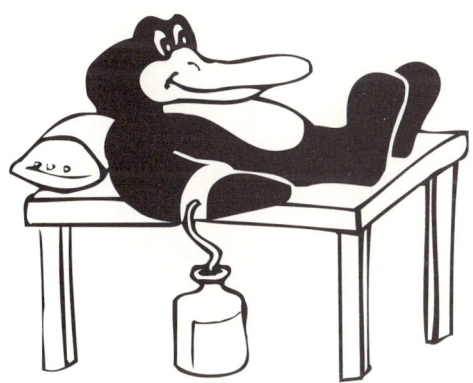

Tierblutübertragungen auf den Menschen experimentierten, heißt es z. B.: „Nach einem Aderlaß von 10 Unzen wurde dem Manne etwa die doppelte Blutmenge aus der Schenkelschlagader eines Lammes in die Armvene einverleibt. Nach der Transfusion hat der Mann das Lamm geschlachtet, mit seinen Kameraden verzehrt und das verdiente Geld im Wirtshaus verpraßt."

Man muß allerdings davon ausgehen, daß in den meisten Fällen die Blutübertragungen nicht so glimpflich vonstatten gingen; vielmehr löste das fremde Blut oft Krankheiten aus und nicht selten starben die Menschen an der Übertragung.

Selbst im 19. Jahrhundert – in England waren erste Blutübertragungen von Mensch zu Mensch gelungen – blieben Übertragungen ein riskantes Unternehmen. So hatten zwischen 1866 und 1874 bei 347 dokumentierten Menschenblutübertragungen nur 150 einen erfolgreichen Ausgang – also noch nicht einmal die Hälfte. Bei noch immer praktizierten Tierblutübertragungen auf den Menschen überlebte gar nur ca. ein Drittel überhaupt den Eingriff.

So scheint es nicht sonderlich verwunderlich, wenn zur gleichen Zeit ein deutscher Arzt sagte: „Zur Übertragung von Schafsblut gehören drei Schafe: Eines, dem man das Blut entnimmt, ein zweites, das es sich übertragen läßt, und ein drittes Schaf, das die Übertragung durchführt."

Erst die Entdeckung der Blutgruppen durch Karl Landsteiner im Jahre 1901 brachte die notwendige Aufklärung: Blut läßt sich nur dann erfolgreich übertragen, wenn Spender- und Empfängerblut miteinander verträgliche Blutgruppen aufweisen.

(Zitate aus: Unterrichtseinheit Blut, Bonn 1992, S. 6; Dümmler Verlag)

1. Aufgaben von Blut und Blutkreislauf

Das Blut ist das wichtigste **Transportmittel** im menschlichen Organismus. Es übernimmt im Dünndarm **Nährstoffe, Vitamine** und **Mineralstoffe** *(vgl. Kap. A)* und in den Lungen den eingeatmeten **Sauerstoff** *(vgl. Kap. C).* Diese Stoffe werden mit dem Blutstrom allen Zellen des Körpers zugeführt, die sie teils zur Energiegewinnung und Wärmeproduktion, teils zum Aufbau von Körpersubstanzen verwenden *(vgl. Kap. A.5.3).* Die dabei entstehenden **Abfallstoffe** werden zu den Orten der Ausscheidung befördert. Auch **Hormone** werden mit dem Blut transportiert *(vgl. Kap. E).* Neben all diesen Stoffen verteilt das Blut die **Wärme** im Körper und sorgt so mit für die Aufrechterhaltung einer gleichmäßigen Körpertemperatur von etwa 37 °C. Da das Blut mit allen anderen Flüssigkeitsräumen unseres Körpers in Verbindung steht, sorgt es für die **Aufrechterhaltung eines konstanten inneren Milieus**. Und schließlich ist es wesentlich an der **Abwehr von Krankheitserregern** beteiligt.

2. Blut ist ein ganz besonderer Saft

2.1 Zusammensetzung des Blutes

Die Gesamtblutmenge eines Menschen beträgt etwa 7–8% seines Körpergewichts. Bei Erwachsenen entspricht das 4–7 Litern Blut.
Betrachtet man auf einem Objektträger einen frischen Blutstropfen, der mit einem zweiten Objektträger gleichmäßig verteilt wurde („Blutausstrich"), unter dem Mikroskop *(Abb. 13),* so sieht man zahlreiche rötlich gefärbte Gebilde, dazwischen einige farblose, etwas größere und viele winzig kleine Körperchen, die in einer klaren Flüssigkeit schwimmen.
Blut besteht also auf den ersten Blick aus zwei verschiedenartigen Bestandteilen: der **Blutflüssigkeit** oder dem **Blutplasma** und den **Blutzellen**, die etwas altertümlich noch immer als **Blutkörperchen** bezeichnet werden.

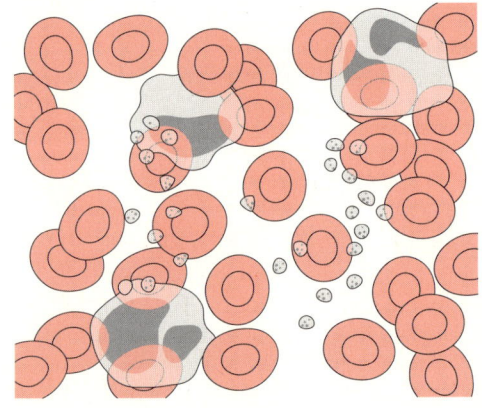

Abb. 13 Graphische Darstellung eines Blutausstrichs

Setzt man einer frischen Blutprobe einen Stoff zu, der die Gerinnung verhindert *(vgl. Kap. B.2.4),* sinken die Blutzellen aufgrund ihrer höheren Dichte langsam zu Boden und setzen sich von der Blutflüssigkeit ab (Blutsenkung, *vgl. Abb. 14*).

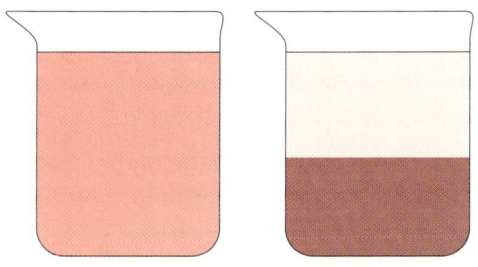

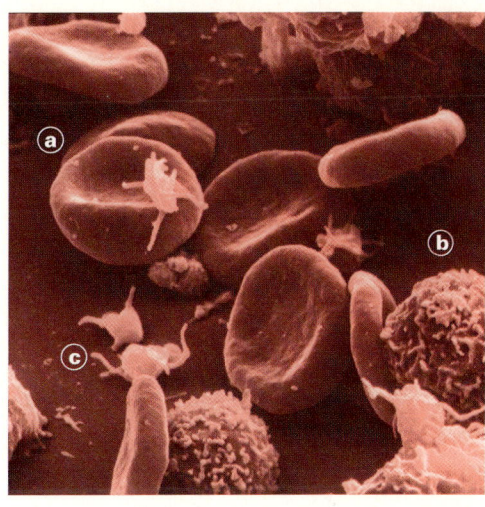

Abb. 15 Elektronenmikroskopische Aufnahme von Blutzellen; Erläuterungen im Text

Abb. 14 a) frisches Blut, b) nach der Blutsenkung

Wie aus Abbildung 14 deutlich zu erkennen ist, besteht Blut etwa zur Hälfte aus festen Bestandteilen (den Blutzellen) und zur Hälfte aus Flüssigkeit.

2.2 Die Blutzellen und ihre Funktionen

Abbildung 15 zeigt die Blutzellen, wie sie im elektronenmikroskopischen Bild erscheinen: ⓐ die scheibenförmigen **roten Blutkörperchen**, ⓑ die kugelförmigen **weißen Blutkörperchen** und ⓒ die sehr viel kleineren **Blutplättchen**.

2.2.1 Die roten Blutkörperchen

Die roten Blutkörperchen oder **Erythrocyten*** bilden die Hauptmasse der zellulären Blutbestandteile. Männer besitzen davon im Durchschnitt etwa 5 Mio. und

Frauen etwa 4,5 Mio. in 1 Mikroliter Blut! (1 Mikroliter = $^1/_{1\,000\,000}$ Liter.) Ihre Gesamtzahl beläuft sich auf 25–30 Billionen (10^{12}). Der Volumenanteil am Gesamtblutvolumen kann vom Arzt bestimmt werden. Der Wert wird als **Hämatokrit** bezeichnet; er beträgt im Mittel beim Mann 0,47, bei der Frau 0,42. Die roten Blutkörperchen nehmen also knapp die Hälfte des Blutvolumens ein!
Rote Blutkörperchen sind etwa $^2/_{1000}$ mm dünne, kreisrunde, auf beiden Seiten etwas eingedellte Scheiben mit einem Durchmesser von etwa $^7/_{1000}$ mm *(Abb. 16)*.

Rote Blutkörperchen enthalten keinerlei zelluläre Strukturen wie Zellkern, Mitochondrien usw., sondern sind angefüllt mit einem eisenhaltigen Farbstoff, dem **Hämoglobin***, das den roten Blutkörperchen und damit dem gesamten Blut die **rote Farbe** verleiht.

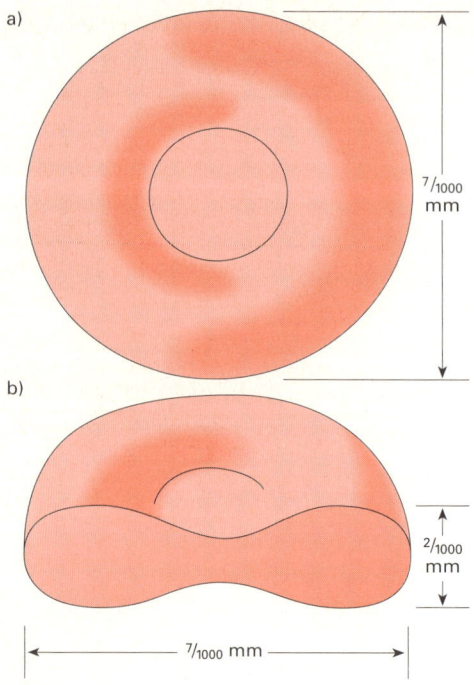

a)

b)

$7/1000$ mm

$2/1000$ mm

$7/1000$ mm

Abb. 16 Schematische Darstellung eines roten Blutkörperchens a) in der Aufsicht, b) im Anschnitt

Hämoglobin (Hb) besitzt die Fähigkeit, **Sauerstoff zu binden**. Es geht dadurch in **Oxyhämoglobin (HbO₂)** über. Der Sauerstoff ist allerdings nur locker gebunden und kann wieder abgegeben werden. Ob Hämoglobin Sauerstoff bindet oder abgibt, hängt vom **Sauerstoffgehalt** der Umgebung ab *(Abb. 17)*.
In den Lunge ist der Sauerstoffgehalt der eingeatmeten Luft sehr hoch; hier wird Sauerstoff gebunden *(vgl. Kap. C.4)*. Im Körper, wo der Sauerstoff verbraucht wird, ist der Sauerstoffgehalt dagegen sehr niedrig; hier wird Sauerstoff abgegeben.

Mit der Bindung von Sauerstoff verändert sich ein wenig die Farbe von Hämoglobin: sauerstoffarmes Blut sieht **etwas dunkler** aus als mit Sauerstoff beladenes Blut.
Da die roten Blutkörperchen unvollständige Zellen sind, die keine zellulären Bestandteile enthalten, ist ihre Lebensdauer relativ kurz: sie beträgt nur etwa **120 Tage**. Danach werden sie von Makrophagen *(vgl. Kap. B.2.2.2)* entsorgt. Einige Abbauprodukte des Hämoglobins gelangen zur Leber und werden dort mit dem Gallensaft ausgeschieden.
Es müssen also ständig neue rote Blutkörperchen gebildet werden. Sie entstehen, wie alle anderen Blutzellen, durch Zellteilung aus sogenannten **Stammzellen** im roten Knochenmark. Die Zahlen sind beeindruckend: innerhalb von 24 Stunden werden etwa 250 Milliarden Zellen neu gebildet.

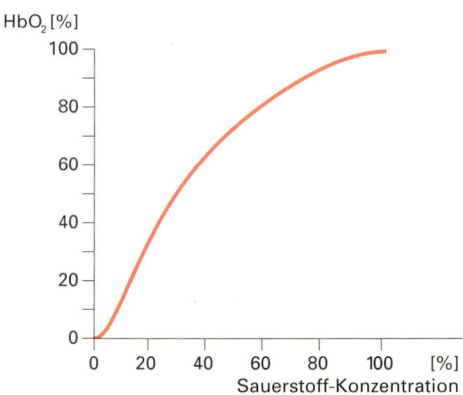

HbO_2 [%]

Sauerstoff-Konzentration

Abb. 17 Schematische Darstellung zur Sauerstoffbindung durch Hämoglobin

B/1

Aufgabe:

Wie viele rote Blutkörperchen entstehen pro Sekunde?

Die roten Blutkörperchen sind jedoch nicht nur für den Transport von Sauerstoff von den Lungen zu den Zellen des Körpers zuständig. Sie transportieren auch das **Kohlendioxid**, das im Energiestoffwechsel der Zellen beim Verbrennen der Nährstoffe anfällt, von den Zellen zu den Lungen, wo es mit der Luft ausgeatmet wird *(vgl. Kap. C.4)*.

!

> Die roten Blutkörperchen sind wesentlich an den **Transportfunktionen** des Blutes beteiligt. Sie transportieren **Sauerstoff** von den Lungen zu den Zellen und **Kohlendioxid** von den Zellen zu den Lungen.

2.2.2 Die weißen Blutkörperchen

Wie Abbildung 18 deutlich macht, stellen die weißen Blutkörperchen oder **Leukocyten*** im Gegensatz zu den roten Blutkörperchen keine einheitliche Zellgruppe dar. Der Grund für diese Vielfalt hat mit den Aufgaben der weißen Blutkörperchen zu tun: sie sind wesentlich an der Abwehr von Krankheitserregern (Bakterien, Viren, Pilze) beteiligt, und dafür reicht ein einziger Zelltyp alleine nicht aus.

Die Bekämpfung von Krankheitserregern hat zur Folge, daß die **Zahl** der weißen Blutkörperchen nicht konstant ist, sondern davon abhängt, wie aktiv das Abwehrsystem gerade arbeitet. Als normal gelten 4000–10 000 Zellen pro Mikroliter Blut. Damit sind aber nur etwa 5% der im Körper vorhandenen weißen Blutkörperchen erfaßt; der große Rest befindet sich im Knochenmark oder wandert durch die Gewebe und Organe.

Die Fähigkeit, sich selbständig wie eine Amöbe fortbewegen zu können, kennzeichnet vor allem zwei Gruppen der weißen Blutkörperchen: die **Granulocyten*** und die **Makrophagen***. Diese beiden Zelltypen spüren Krankheitserre-

Stammzelle

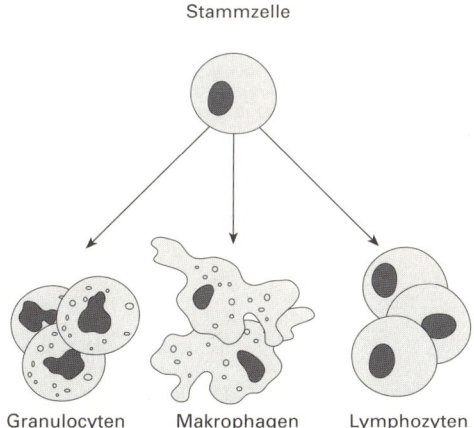

Granulocyten Makrophagen Lymphozyten

Abb. 18 Die weißen Blutkörperchen

ger dadurch auf, daß sie sich durch feine Lücken in den Wänden der kleinen Blutgefäße hindurchzwängen und in das benachbarte Gewebe einwandern können *(Abb. 19)*. Wenn sie dabei auf Krankheitserreger treffen, nehmen sie diese durch einen besonderen Vorgang auf, den man ebenfalls bei Amöben gut beobachten kann: sie stülpen einen Teil ihres Zellplasmas aus und schließen die Erreger in eine sogenannte Vakuole* ein, in der sie verdaut werden **(Phagocytose*)**.

Die weißen Blutkörperchen stellen also eine Art Gesundheitspolizei des Körpers dar, die immer dort eingreift, wo Krankheitserreger in Gewebe eingedrungen

sind (z. B. bei einer Wunde) und sich darin vermehren. Es kommt dann zu einer örtlich begrenzten **Entzündung**. Die Blutgefäße in der Umgebung der Wunde erweitern sich, so daß mehr Blut zu dieser Körperstelle fließt. Diese Veränderung macht sich meist durch Rötung und Schwellung bemerkbar. Gleichzeitig wandern massenhaft weiße Blutkörperchen ins Gewebe ein, um die Krankheitserreger unschädlich zu machen.

Eine Entzündung ist also normalerweise nichts Schädliches, sondern Teil der Selbstheilungsmechanismen unseres Körpers als Reaktion auf eine Infektion. Es kann jedoch vorkommen, daß die weißen Blutkörperchen nicht in der Lage

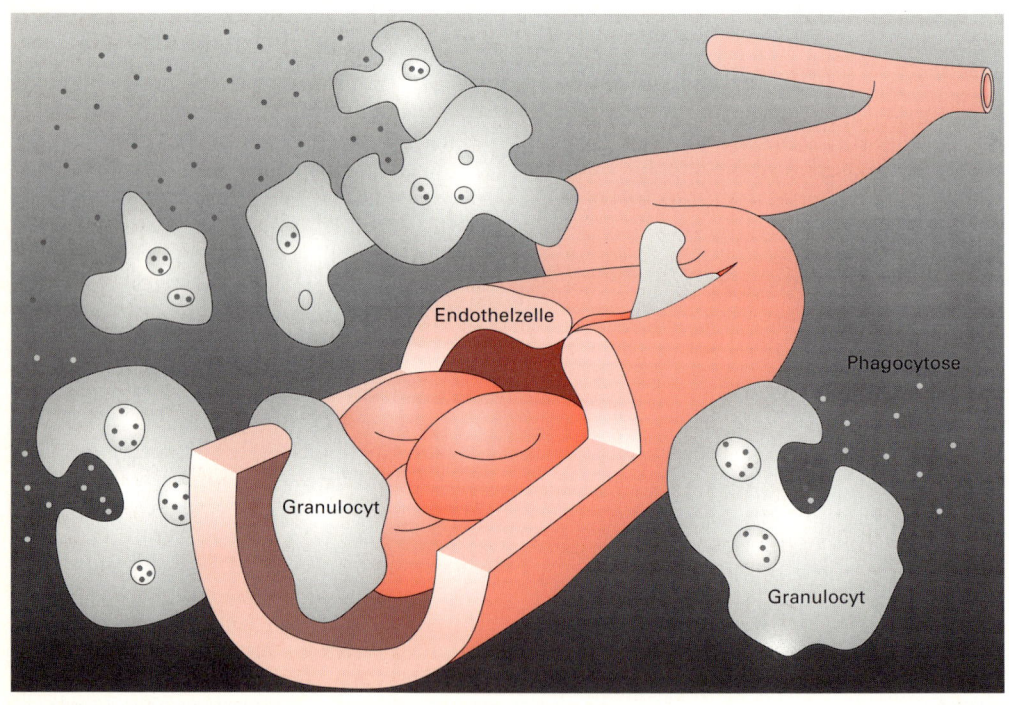

Abb. 19 Ablauf einer Entzündungsreaktion

sind, alle Krankheitserreger zu beseitigen, so daß diese ins Blut eindringen und sich im Körper ausbreiten. Eine solche **Blutvergiftung** muß ärztlich behandelt werden; sie ist lebensgefährlich. Das Auffressen von Krankheitserregern ist ein ziemlich alter Trick, um sich seiner Feinde zu entledigen. Die Krankheitserreger haben sich auch eine Menge einfallen lassen, um dem großen Fressen zu entgehen. Es gibt deshalb noch eine dritte Gruppe von weißen Blutkörperchen, die ganz gezielt gegen Krankheitserreger vorgehen: die **Lymphocyten***.

Ein Teil dieser Lymphocyten produziert spezielle Abwehrstoffe, die **Antikörper**, die in der Blutflüssigkeit schwimmen *(vgl. Kap. B.2.3)*. Antikörper sind Y-förmige Gebilde, die die Krankheitserreger an bestimmten Oberflächenstrukturen erkennen. Indem sich die Antikörper daran heften, verklumpen (agglutinieren*) sie die Krankheitserreger. *(Da für das Verständnis der Details einige Vorkenntnisse in Biochemie erforderlich sind, müssen wir Interessierte auf das Kapitel über das Immunsystem in ML 69 vertrösten.)*

> **!** Die weißen Blutkörperchen sind wesentlich an der **Abwehr von Krankheitserregern** beteiligt.

2.2.3 Die Blutplättchen

Die Blutplättchen oder **Thrombocyten*** sind die kleinsten Blutzellen, so daß man sie im mikroskopischen Bild normalerweise gar nicht wahrnimmt. Die farblosen Gebilde von etwa $^4/_{1000}$ mm Länge und etwa $^2/_{1000}$ mm Dicke haben eine sehr kurze Lebensdauer von nur 8–14 Tagen. Ihre Zahl beträgt 140 000–360 000 pro Mikroliter Blut.
Im elektronenmikroskopischen Bild sieht man deutlich, daß sich im Inneren der Blutplättchen viele Speicherkörnchen **(Granula*)** befinden *(Abb. 20)*.
Diese Speicherkörnchen enthalten Substanzen, die die **Blutgerinnung** einleiten *(siehe dazu Kap. B.2.4)*.

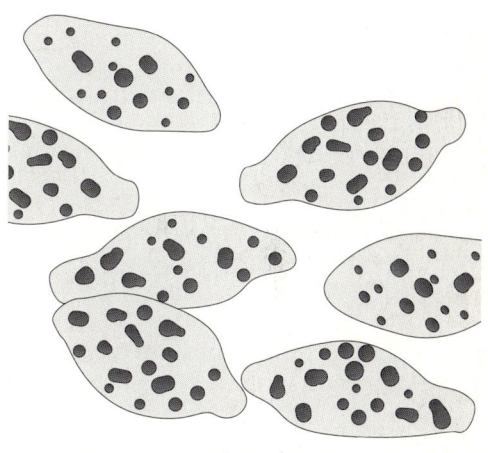

Abb. 20 Graphische Darstellung von Blutplättchen nach elektronenmikroskopischen Aufnahmen

> **!** Die Blutplättchen sind wesentlich an der **Blutgerinnung** beteiligt.

2.3 Die Blutflüssigkeit

Die Blutflüssigkeit oder das **Blutplasma*** besteht zu etwa 90% aus Wasser und zu etwa 10% aus verschiedenen darin gelösten Substanzen, hauptsächlich Mineralstoffe, Eiweiße (Proteine) und natürlich der Traubenzucker aus der Verdauung *(vgl. Kap. A.5.2.4)*.

Die **Mineralstoffe** tragen vor allem zu einer konstanten mineralischen Zusammensetzung der Körperflüssigkeiten bei, einer wesentlichen Voraussetzung der Funktionstüchtigkeit unseres Organismus. Die vorherrschenden Mineralstoffe sind **Natrium** und **Chlorid** (sie bilden zusammen Kochsalz). Deshalb kann nach starken Blutungen (z. B. nach einem Unfall) der Flüssigkeitsverlust zunächst durch eine entsprechend konzentrierte Kochsalzlösung (**„physiologische Kochsalzlösung", 0,9%ig)** behoben werden, um den Kreislauf zu stabilisieren und einen Herzstillstand zu verhindern.

Unter den **Proteinen** sind drei wichtige Gruppen hervorzuheben:

– Zu den **Transportproteinen** gehören Eiweiße, die Fettsäuren, Lipide und Cholesterin im Blut transportieren.

– Zu den **Immunglobulinen*** gehören alle Antikörper, die von bestimmten Lymphocyten hergestellt und in die Blutflüssigkeit freigesetzt werden *(vgl. Kap. B.2.2.2)*.

– Schließlich gehören hierzu die meisten der sogenannten **Gerinnungsfaktoren**, die die Blutgerinnung bewerkstelligen *(vgl. dazu den nächsten Abschnitt)*.

2.4 Die Blutgerinnung

Bei kleineren Verletzungen (z. B. Schürf- oder Schnittwunden) können wir meist sicher sein, daß die Blutung nach einer gewissen Zeit aufhört und die Wunde von innen abgedichtet wird. Durch diese erstaunliche Leistung wird verhindert, daß wir nach solchen Verletzungen verbluten.

Der Wundverschluß erfolgt in zwei Teilschritten: 1. durch die Blutstillung, 2. durch die Blutgerinnung.

Blutstillung. Wird ein Blutgefäß verletzt, heften sich **Blutplättchen** (Thrombocyten) an die Bindegewebsfasern der Wundränder und verkleben mit ihnen. Es entsteht so ein **Thrombocytenpfropf**, der bei kleineren Wunden zu einer vorläufigen Blutstillung führt. Aus den Blutplättchen werden verschiedene Substanzen freigesetzt. Eine davon sorgt dafür, daß sich das verletzte **Blutgefäß zusammenzieht**; eine weitere sorgt dafür, daß die Blutgerinnung in Gang kommt.

Blutgerinnung. Der zunächst nur aus Blutplättchen gebildete Pfropf ist nicht in der Lage, die verletzte Gefäßstelle dauerhaft zu verschließen. Durch die Blutgerinnung entstehen in der Blutflüssigkeit lange Fasern aus **Fibrin**, einem Eiweißstoff, der die Blutplättchen so in ein Maschennetz einspinnt, daß dabei eine gallertartige Masse entsteht: ein **Blutgerinnsel** (auch „Blutkuchen" genannt, *vgl. Abb. 21)*.

Das Schema in Abbildung 22 zeigt in vereinfachter Form, welche Vorgänge im Blut zu dieser Fibrinbildung führen.

Im strömenden Blut liegt naturgemäß kein fertiges Fibrin vor, sondern nur eine lösliche Vorstufe, das **Fibrinogen**. Die Umwandlung von Fibrinogen in Fibrin

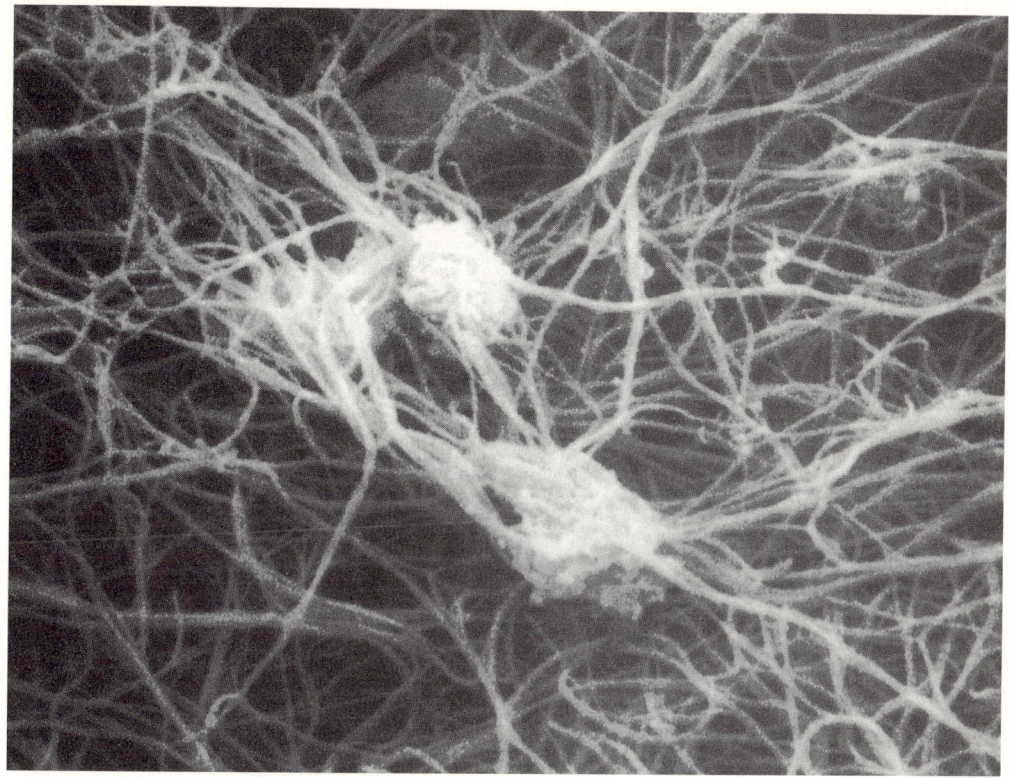

Abb. 21 Elektronenmikroskopische Aufnahme eines Blutgerinnsels

erfolgt durch ein Enzym, das **Thrombin**. Dieses Enzym muß seinerseits aus einer inaktiven Vorstufe, dem **Prothrombin**, gebildet werden. Diese Umwandlung erfolgt durch einen **Gerinnungsfaktor** im Blut, der wiederum seinerseits durch einen anderen Gerinnungsfaktor aktiviert werden muß und so fort. Am Anfang dieser Kaskade steht der Oberflächenkontakt der Blutplättchen, die daraufhin den ersten Gerinnungsfaktor freisetzen. Das Gerinnungssystem kann aber auch ohne Blutplättchen aktiviert werden, wenn es zu einer Gewebsverletzung kommt. Beide Wege führen letztendlich zum selben Ergebnis: nach 6–8 Minuten hat sich ein Blutkuchen gebildet.

Die **Gerinnungsfaktoren** sind Eiweißstoffe, die im wesentlichen von der Leber hergestellt werden und als inaktive Vorstufen in der Blutflüssigkeit schwimmen. Sie werden in der Reihenfolge ihrer Entdeckung durchnumeriert.

Eine der häufigsten Erbkrankheiten, die **Bluterkrankheit** (Hämophilie A), wird auf einen angeborenen Mangel an **Faktor VIII** zurückgeführt *(vgl. Abb. 22 und zur Vererbung den Genetik-Band ML 66)*. Die Gerinnung verläuft dann langsamer; die Gerinnungszeit beträgt mehr als 15

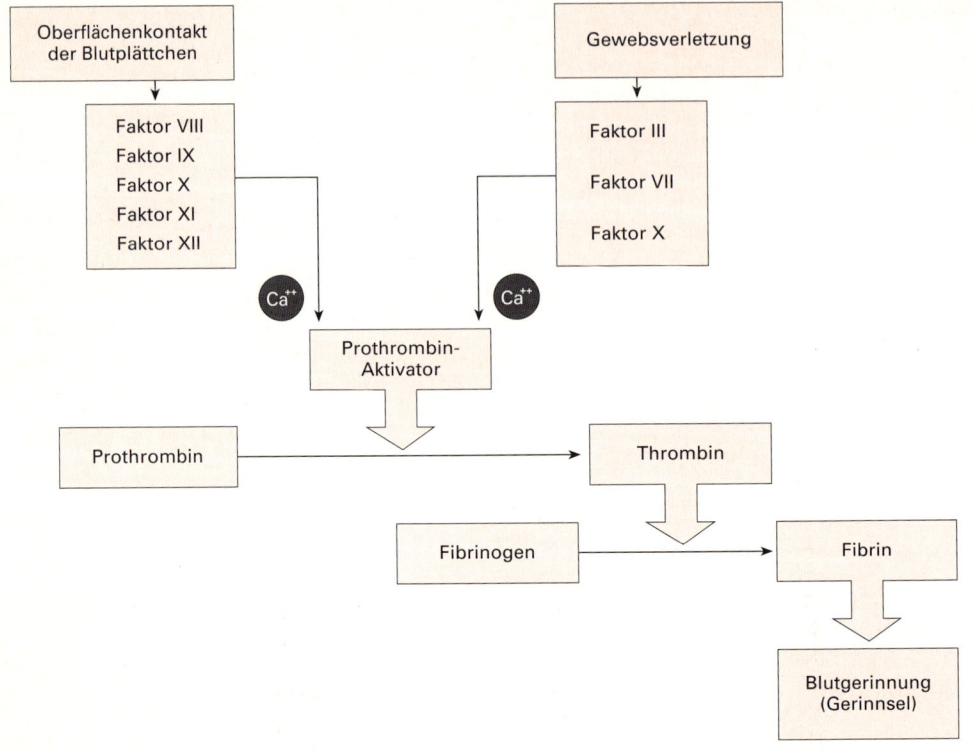

Abb. 22 Vereinfachtes Schema zur Blutgerinnung

Minuten. Die Betroffenen können bei größeren Verletzungen innerlich oder äußerlich verbluten, wenn ihnen nicht der fehlende Gerinnungsfaktor gespritzt wird.

Nach der Gerinnung verfestigt sich der Blutkuchen noch weiter dadurch, daß sich die Fibrin-Fäden zusammenziehen. Dabei tritt eine klare, schwach gelb gefärbte Flüssigkeit aus, die im Gegensatz zum Blutplasma kein Fibrinogen mehr enthält: das Blutwasser oder **Blutse-rum**.

Jeder kann das bei sich beobachten: nach einer gewissen Zeit beginnt die Wunde zu „nässen". Es bildet sich eine zähe, zusammenhängende Kruste, die schließlich ganz austrocknet und als **Wundschorf** so lange haften bleibt, bis die Wunde darunter geheilt ist. Deshalb sollte dieser Schorf auch nicht abgekratzt werden!

Thrombose. Normalerweise wird die Gerinnungskaskade nur in Gang gesetzt, wenn eine Gefäß- oder Gewebeverletzung vorliegt, und das Blut gerinnt dann auch nur in der unmittelbaren Umgebung der Verletzungsstelle. Es kann aber auch vorkommen, daß sich im unverletzten Blutgefäß ein Gerinnsel bildet. Eine solche Thrombose entsteht vor allem, wenn die Gefäßwände durch Ablagerungen geschädigt sind (Arteriosklerose, *vgl. Kap. B.3.2.1).* Löst sich ein solcher Thrombus, kann er mit dem Blutstrom wandern und eine **Embolie*** verursachen: er bleibt in einem engeren Gefäß stecken und verhindert die weitere Blutzufuhr. Besonders gefährliche Embolien führen zum **Herzinfarkt** oder zum **Schlaganfall**.

2.5 Die Blutgruppen

Manchmal ist es notwendig, daß einem Menschen fremdes Blut übertragen werden muß (z. B. nach einem schweren Unfall oder bei einer Operation). Würde man für diese **Bluttransfusion*** das Blut irgendeines Spenders verwenden, könnte es passieren, daß sich die roten Blutkörperchen des Empfängers **verklumpen** (agglutinieren*) und so die Blutgefäße verstopfen. Es gibt nämlich **verschiedene Blutsorten**, die sich nicht miteinander vertragen.

Die Verklumpung wird durch bestimmte Substanzen ausgelöst, die auf der Oberfläche der roten Blutkörperchen vorkommen. Wie Abbildung 23 zeigt, gibt es nur zwei **Blutgruppensubstanzen**: **A** und **B**. Sie werden auch als Blutgruppen-Antigene bezeichnet. Ihr Vorhandensein oder Fehlen macht die Blutgruppe eines Menschen aus. Das ergibt vier Möglichkeiten: **A, B, AB** oder **0** (Null).

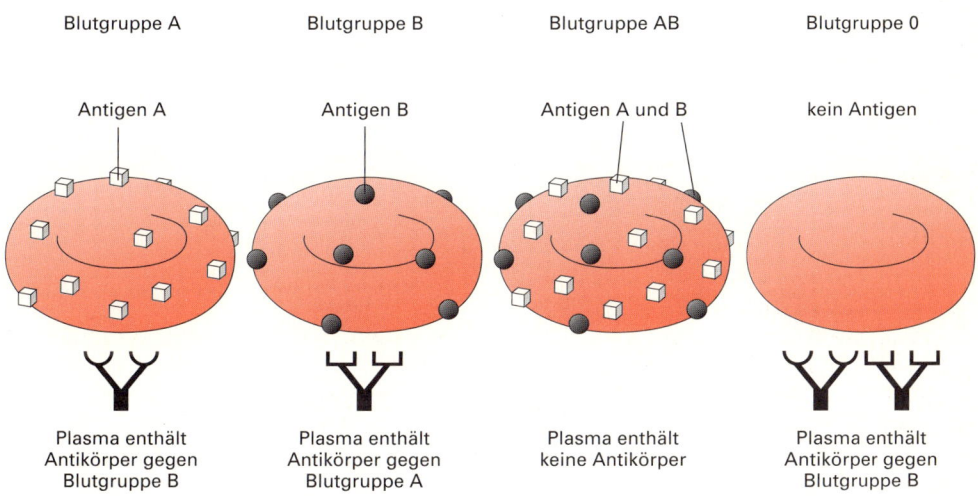

Blutgruppe A	Blutgruppe B	Blutgruppe AB	Blutgruppe 0
Antigen A	Antigen B	Antigen A und B	kein Antigen
Plasma enthält Antikörper gegen Blutgruppe B	Plasma enthält Antikörper gegen Blutgruppe A	Plasma enthält keine Antikörper	Plasma enthält Antikörper gegen Blutgruppe B

Abb. 23 Die Blutgruppen des Menschen

Im Blutplasma von Menschen mit den Blutgruppen A, B und 0 befinden sich **Antikörper**, die gegen die Blutgruppensubstanzen der jeweils **anderen** Blutgruppen gerichtet sind *(Tab. 7)*.

Blutgruppe	Blutgruppensubstanz	Antikörper
A	A	Anti-B
B	B	Anti-A
AB	A und B	keine
0	keine	Anti-A und Anti-B

Tab. 7 Blutgruppeneigenschaften

So enthält Plasma der Blutgruppe A Antikörper gegen die Blutgruppensubstanz B (kurz: Anti-B) und umgekehrt. Plasma der Blutgruppe 0 enthält Antikörper gegen A und B, während Plasma der Blutgruppe AB gar keine Antikörper enthält. Mischt man z. B. rote Blutkörperchen der Blutgruppe A mit Plasma der Blutgruppe

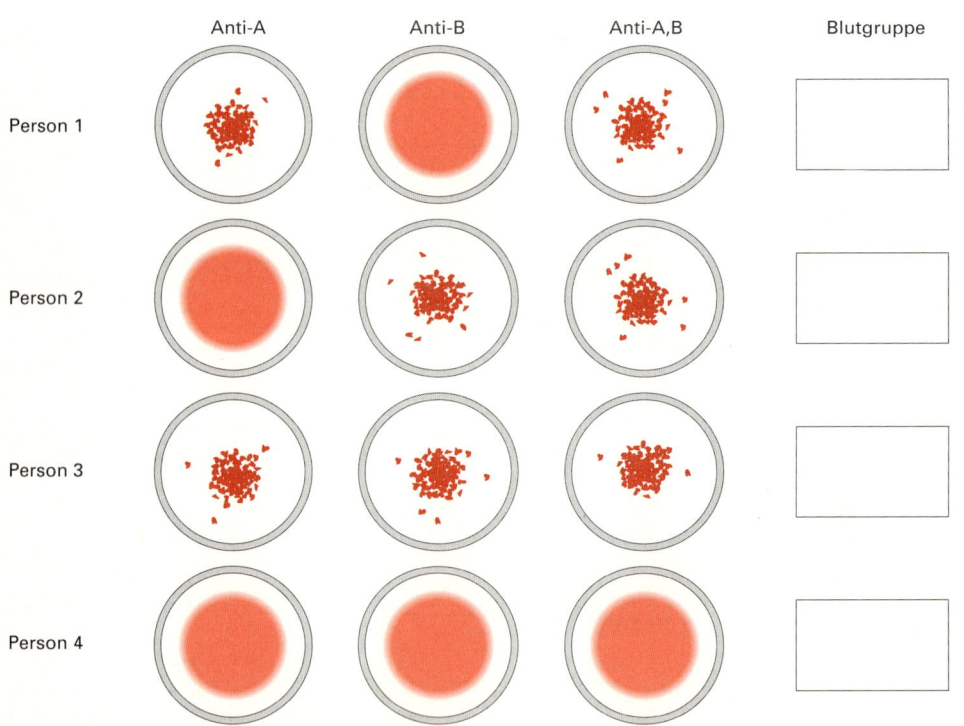

Abb. 24 Testergebnis einer Blutgruppenbestimmung

B (enthält Anti-A), kommt es zur Verklumpung.

Auf genau diese Weise wird eine **Blutgruppenbestimmung** durchgeführt. Dazu wird Blutserum (Blutplasma ohne Fibrinogen) verwendet. Zu jeweils einem Tropfen Serum, das entweder Anti-A oder Anti-B oder beides enthält, werden die roten Blutkörperchen eines Menschen hinzugegeben. Anhand der Verklumpung in den drei Seren kann auf die Blutgruppe geschlossen werden *(Abb. 24)*.

B/2

Aufgabe:

Welche Blutgruppen haben die Personen, deren Testergebnisse in Abbildung 24 dargestellt sind? Begründe deine Annahmen.

Blutgruppenbestimmungen müssen unbedingt **vor** jeder Bluttransfusion durchgeführt werden, um die **Verträglichkeit** von Spender- und Empfängerblut festzustellen. Der Empfänger darf keine Blutkörperchen erhalten, gegen die er Antikörper besitzt, da es sonst zu einer Antigen-Antikörper-Reaktion kommen kann, durch die die übertragenen Blutkörperchen zerstört würden.

Wie Abbildung 25 schematisch zeigt, wird eine Transfusion idealerweise mit Blut der gleichen Blutgruppe durchgeführt. Wenn dies nicht möglich ist, müssen die Blutgruppeneigenschaften berücksichtigt werden.

Da Blutkörperchen der Blutgruppe 0 überhaupt keine Antigene besitzen, lassen sie sich mit allen anderen Blutgruppen gefahrlos mischen; ein Mensch mit Blutgruppe 0 ist also ein **Universalspender**. Dagegen enthält das Blut von Menschen mit Blutgruppe AB überhaupt keine Antikörper gegen andere Blutgruppen; sie sind **Universalempfänger**.

Jeder Mensch besitzt seine Blutgruppe von Geburt an, behält sie für den Rest

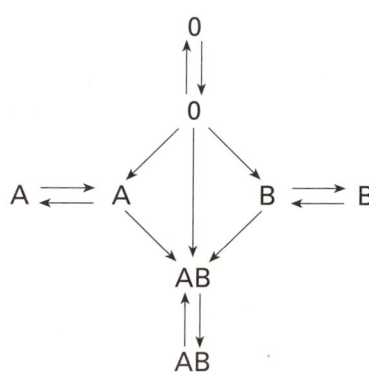

Abb. 25 Möglichkeiten der Blutübertragung

seines Lebens und vererbt sie nach festen Regeln seinen Nachkommen *(zur Vererbung siehe den Genetik-Band ML 66)*.

In jeder Bevölkerung sind die Blutgruppen unterschiedlich verteilt; die Blutgruppen A und 0 kommen in Mitteleuropa deutlich häufiger vor als die Blutgruppen B und AB.

Außer dem AB0-System gibt es noch weitere Blutgruppeneigenschaften auf den roten Blutkörperchen, die zum Teil bei Blutübertragungen berücksichtigt werden müssen. Dazu gehört der **Rhesus-Faktor**, der auch als Antigen D bezeichnet wird.

85% der Bevölkerung besitzen diese Blutgruppeneigenschaft; sie werden als **Rhesus-positiv** oder **Rh+** (D+) bezeichnet. Die anderen 15% sind **rhesus-negativ** oder **rh–** (d–). Im Gegensatz zu den Antikörpern gegen die Blutgruppensubstanzen A und B, die schon bei der Geburt vorhanden sind, werden die Antikörper gegen die Rhesus-Substanz erst **nach Kontakt** mit Rhesus-positivem Blut gebildet.

Das kann vor allem unter bestimmten Umständen bei **Schwangerschaft und Geburt** ein Problem werden, wenn zwischen dem Blut der Mutter und dem des Neugeborenen eine **Rhesus-Unverträglichkeit** besteht.

Das ist immer dann der Fall, wenn das Kind Rhesus-positiv, die Mutter aber rhesus-negativ ist. Es kann dann passieren, daß rote Blutkörperchen des Kindes in das Blut der Mutter gelangen, z. B. bei der Geburt. Für dieses Kind hat das noch keine Folgen. Bei einer zweiten Schwangerschaft haben sich in der Mutter inzwischen Antikörper gegen die Rhesus-Substanz gebildet und gelangen über die Plazenta *(vgl. Kap. G.5.2)* in das Blut des Kindes. Ist das zweite Kind ebenfalls Rhesus-positiv, kommt es zur Zerstörung der roten Blutkörperchen im Blut des Kindes. Solche Kinder sind stark gefährdet.

Deshalb wird bei Schwangeren heutzutage überprüft, ob sie rhesus-negativ sind **und** ob sich Rhesus-Antikörper in ihrem Blut nachweisen lassen. Sollte das der Fall sein, wird entweder noch während der Schwangerschaft, auf jeden Fall aber sofort nach der Geburt ein **Blutaustausch** beim Neugeborenen durchgeführt. Außerdem ist eine vorbeugende Behandlung der Mutter gegen Rhesus-Antikörper möglich. Rechtzeitige ärztliche Beratung ist hier dringend angeraten!

3. Der Blutkreislauf

3.1 Das Herz-Kreislaufsystem im Überblick

Das Blut fließt durch unseren Körper in einem **geschlossenen Röhrensystem** von hintereinander und parallel geschalteten **Blutgefäßen**. Der Antrieb erfolgt durch eine zentral gelegene **Pumpe**, das **Herz**. Die vom Herz wegführenden, dickwandigen Gefäße, in denen das Blut zu den Organen gelangt, werden als **Arterien*** bezeichnet. Da in ihnen der Herzschlag zu spüren ist, nennt man sie auch **Schlagadern**. Sie verzweigen sich zu immer kleineren Gefäßen und gehen schließlich in die **Haargefäße** oder **Kapillaren*** über. In den Kapillaren findet der **Stoffaustausch** statt. Das Blut sammelt sich in dünnwandigen Gefäßen, den **Venen***, die es dem Herz wieder zuführen. Das Blut zirkuliert also in einem **Kreislauf**.

Tatsächlich sind es zwei Kreisläufe *(Abb. 26)*. Das hängt mit dem Transport der Atemgase (Sauerstoff, Kohlendioxid) zusammen: Der Gasaustausch kann nur in Kapillaren stattfinden, weil hier die Wände keine Behinderung darstellen. In den haarfeinen Gefäßen verliert sich der Druck, den das Herz erzeugt.

Die Atemgase werden zweimal ausgetauscht: einmal in den Lungen und ein zweites Mal in den anderen Körperorganen. Es gibt einen **Lungenkreislauf** und einen **Körperkreislauf**.

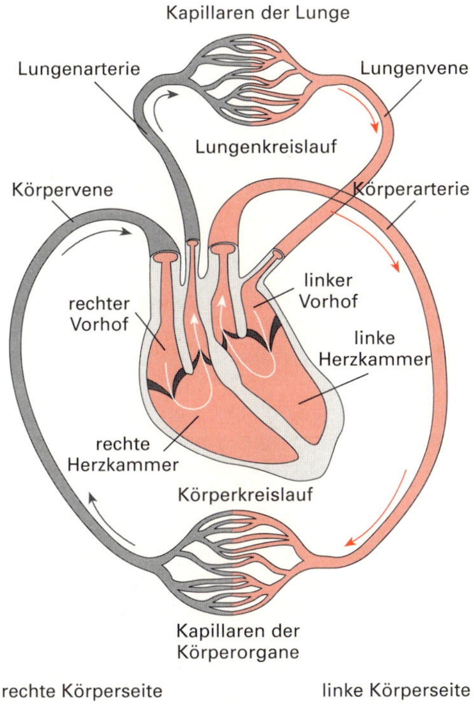

Das Blut fließt dadurch zweimal durch das Herz; es sind also tatsächlich zwei Pumpen in einem Organ. Das **linke Herz** pumpt das von der Lunge kommende, sauerstoffreiche Blut in die **Körperarterie**, die es auf alle Organe verteilt. In den Kapillaren der Organe gibt das Blut Sauerstoff ab und nimmt Kohlendioxid auf. Durch die **Körpervene** fließt das Blut zum **rechten Herz**, das es in die **Lungenarterie** pumpt. In den Kapillaren der Lunge gibt das Blut Kohlendioxid ab und nimmt Sauerstoff auf. Durch die **Lungenvene** fließt das Blut wieder dem linken Herz zu.

In den folgenden Abschnitten erläutern wir, welche Auswirkungen ein so konstruiertes System auf Bau und Arbeitsweise des Herzens und der Gefäße hat.

Abb. 26 Schematische Darstellung von Lungen- und Körperkreislauf

3.2 Herz

3.2.1 Aufbau des Herzens

Das Herz ist ein etwa faustgroßer **Hohlmuskel**, der schräg zwischen den beiden Lungenflügeln fast in der Mitte des Brustraumes liegt. Es ist von einem **Herzbeutel** umgeben, dessen Wände mit einer schleimigen Flüssigkeit ausgekleidet sind, so daß sich das Herz darin reibungslos bewegen kann.

Einen Längsschnitt durch das Herz zeigt Abbildung 27.

Der Hohlraum ist durch die Herzscheidewand ⓐ in zwei etwa gleich große Hälften, das rechte und das linke Herz, aufgeteilt. Querwände unterteilen jede Hälfte noch einmal in die kleineren **Vorhöfe** ⓑ und die größeren **Kammern** ⓒ. Jede Kammer besitzt zwei Öffnungen,

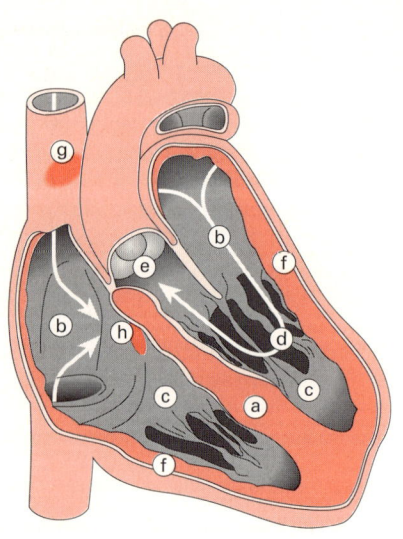

Abb. 27 *Frontalschnitt durch das Herz;*
Erläuterungen im Text

Die Herzwände ⓕ bestehen hauptsächlich aus **Muskelgewebe**, das ganz ähnlich aufgebaut ist wie die quergestreifte Skelettmuskulatur *(vgl. Kap. D.4)*. Wie Abbildung 27 zeigt, sind die Wände der Vorhöfe dünner als die der Kammern. Das liegt daran, daß die Vorhöfe das ankommende Blut hauptsächlich sammeln, während die Kammern eine aktive Pumpleistung vollbringen. Aber auch deren Wände sind unterschiedlich dick. Die Wandstärke der rechten Kammer beträgt nur 2–4 mm, die der linken 8–11 mm. Das hat einen biologischen Sinn. Die linke Kammer muß, da sie das Blut in den gesamten Körper befördert, einen wesentlich höheren Druck erzeugen *(vgl. Kap. B.3.4)*.

3.2.2 Arbeitsweise des Herzens

Das Herz arbeitet als **Pumpe**: es **saugt** Blut aus den Venen an und **drückt** es in die Arterien. Das Ansaugen erfolgt, indem sich der Herzmuskel entspannt und sich dadurch die Kammern erweitern. Diese Phase wird als **Diastole*** bezeichnet. Durch Zusammenziehen (Kontraktion*) der Herzmuskulatur wird das Blut in die Arterien gedrückt. Diese Phase wird als **Systole*** bezeichnet. Bei jeder Kontraktion schlägt die Spitze des Herzens gegen die Brustwand. Jeder kann diesen **Herzspitzenstoß** bei sich zwischen der 6. und 7. Rippe fühlen.

Zum besseren Verständnis der Arbeitsweise des Herzens wird der gesamte Ablauf eines Herzschlages in **vier Aktionsphasen** unterteilt, die sich rhythmisch wiederholen. Die wichtigsten Veränderungen, die während eines Herzschlages stattfinden, sind in Abbildung 28 diesen Aktionsphasen zeitlich zugeordnet. Sie werden nun der Reihe nach erläutert.

durch die das Blut ein- und wieder ausströmt. An diesen Stellen befinden sich Ventile, die als **Herzklappen** bezeichnet werden.

Bei den Klappen zwischen den Vorhöfen und den Kammern handelt es sich um sogenannte **Segelklappen** ⓓ. Das sind Bindegewebshäute, die über Sehnenfäden so an der Herzinnenwand festgemacht sind, daß sie sich nur in eine Richtung öffnen lassen. Dadurch kann das Blut nicht von den Kammern in die Vorhöfe zurückfließen. Wie das funktioniert, erläutern wir im nächsten Abschnitt.

Die Klappen an den Öffnungen zu den Schlagadern ⓔ verfügen über taschenartige Mulden, die durch das zurückströmende Blut so aufgespannt werden, daß sie die Öffnung vollständig verschließen. Sie werden als **Taschenklappen** bezeichnet.

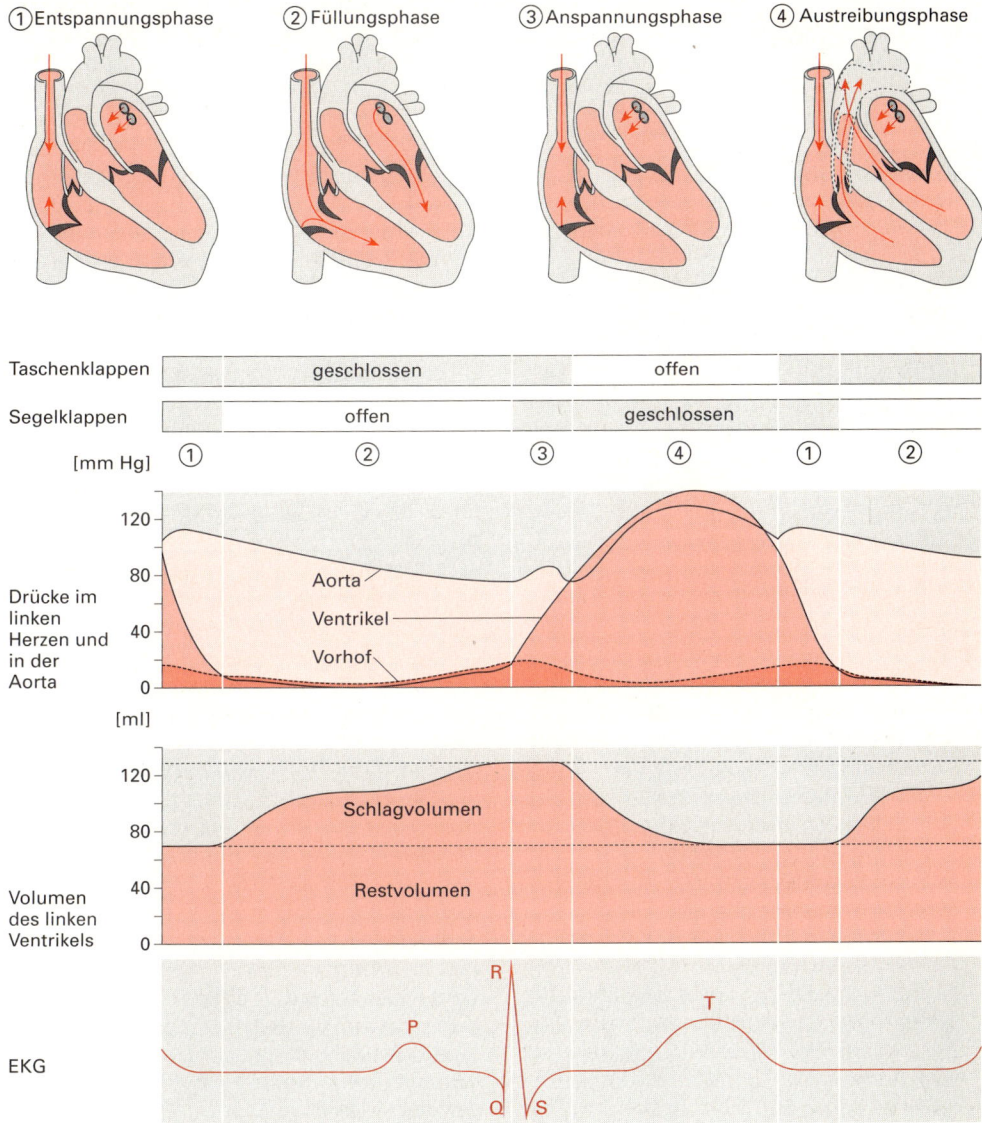

Abb. 28 Veränderung einiger Funktionsgrößen während der vier Aktionsphasen des Herzens; Erläuterungen im Text (siehe S. 56)

Wir beginnen mit der Diastole, die in eine Entspannungsphase ① und eine Füllungsphase ② unterteilt wird. Dem folgt die Systole mit einer Anspannungsphase ③ und schließlich der Austreibungsphase ④.

① **Entspannungsphase:** Nach einer Kontraktion sinkt der Druck in den Kammern sehr schnell, weil sich die Muskulatur entspannt. Durch den Druckabfall fließt ein wenig Blut aus den Arterien zurück, wodurch die Taschenklappen geschlossen werden.

② **Füllungsphase:** Sobald der Kammerndruck geringer wird als der Druck in den Vorhöfen, öffnen sich die Segelklappen. Blut strömt aus den Vorhöfen in die Kammern. Dieser Vorgang wird durch ein Zusammenziehen der Vorhofmuskulatur unterstützt. In einem normal großen Herzen befinden sich jetzt in jeder Kammer etwa 130 ml Blut.

③ **Anspannungsphase:** Die Kontraktion der Kammernmuskulatur führt zu einem steilen Druckanstieg (durchgezogene Linie). Dadurch werden die Segelklappen – wie Segel vom Wind – aufgebläht und verschließen die Öffnungen zu den Vorhöfen. Da jetzt Taschen- und Segelklappen geschlossen sind, wirkt sich die Muskelkontraktion ausschließlich als Druckerhöhung aus.

④ **Austreibungsphase:** Wenn der Druck in den Kammern größer wird als der Druck in den Schlagadern, öffnen sich die Taschenklappen, und Blut wird in die Schlagadern gepreßt. Obwohl sich dadurch das Kammervolumen verringert, steigt zunächst der Kammerndruck weiter an, fällt dann aber deutlich ab.

Die ausgeworfene Blutmenge wird als **Schlagvolumen** bezeichnet. Das ist normalerweise etwa die Hälfte des gesamten Kammervolumens (60–90 ml). Die andere Hälfte bleibt als **Restvolumen** in den Kammern zurück.

3.2.3 Steuerung der Herztätigkeit

Bei einem gesunden Erwachsenen schlägt das Herz in Ruhe etwa 70mal pro Minute. Diesen Rhythmus behält es auch bei, wenn man es aus dem Körper entfernt und in einer geeigneten Nährflüssigkeit aufbewahrt. Das zeigt, daß der Antrieb für den Herzschlag im Herzen **selbst** erzeugt wird.

Das Herz besitzt zwei verschiedene Typen von Muskelzellen: solche, die Erregungsimpulse **erzeugen und weiterleiten**, und solche, die diese Impulse **mit Kontraktionen beantworten**.

Ein dichtes Geflecht von erregungsbildenden Zellen befindet sich in der Wand des rechten Vorhofs: der **Sinusknoten** *(Abb. 27 ⑨)*. Von ihm gehen normalerweise alle Erregungen für die rhythmischen Kontraktionen des Herzens aus. Hier wird die Häufigkeit des Herzschlags, die **Herzfrequenz**, erzeugt.

Der Sinusknoten ist also so etwas wie der **Schrittmacher** des Herzens. Fällt er aus, was bei älteren Menschen schon mal passieren kann, muß oft ein **künstlicher**, elektrischer Schrittmacher eingesetzt werden.

Vom Sinusknoten breitet sich die Erregung zunächst über beide Vorhöfe mit einer Geschwindigkeit von etwa 1 m/sec aus und gelangt zu einem zweiten Erregungsbildungszentrum, das sich am Übergang zwischen den Vorhöfen und den Kammern befindet: dem sogenannten **AV-Knoten** *(Abb. 27 ⓗ)*. Der Name ist abgeleitet von den lateinischen Bezeichnungen für Vorhof **(Atrium*)** und

Kammer **(Ventrikel*)**. An dieser Stelle wird die Erregungsausbreitung verzögert. Das ist sinnvoll, weil genau dadurch gewährleistet wird, daß die Kammern erst nach den Vorhöfen kontrahiert werden.

Vom AV-Knoten wird die Erregung über faserartige Bündel bis zur Herzspitze geleitet und von dort breitet sie sich über die Muskulatur der Kammerwände aus. Das hat zur Folge, daß sich das Herz von der Spitze her zusammenzieht.

Die Erregungsimpulse des Sinusknotens breiten sich auf diese Weise über das gesamte Herz aus. Da die umgebenden Gewebe elektrisch gut leitend sind, gelangen die Erregungsimpulse sogar bis zur Hautoberfläche, wo man sie mit Elektroden ableiten und über einen Schreiber aufzeichnen kann. Das entstehende Kurvenbild wird **Elektrokardiogramm*** oder einfach kurz **EKG** genannt *(vgl. Abb. 28)*. Es spielt bei der Erkennung von Herzkrankheiten eine wichtige Rolle.

Aufgabe:

Der Sinusknoten erzeugt einen gleichmäßigen Rhythmus von etwa 70 Schlägen pro Minute. Das Schlagvolumen beträgt etwa 70 ml. Wie groß ist die Blutmenge, die in einer Minute vom Herzen durch den Körper gepumpt wird?

Die errechnete Blutmenge wird als **Herzzeitvolumen** bezeichnet. Sie reicht bei körperlicher Ruhe zur Versorgung der Zellen vollkommen aus.

Unter **Belastung**, d. h. bei körperlicher Arbeit und Sport, verbraucht der Körper sehr viel mehr Nährstoffe und Sauerstoff. Jeder weiß aus eigener Erfahrung, was passiert: einige Minuten nach Beginn der Belastung schlägt das Herz **häufiger**, und zwar in Abhängigkeit von der Belastungsintensität. Durch höhere Herzfrequenzen kann das Herzzeitvolumen um ein Vielfaches gesteigert werden. Hinzu kommt, daß auch das Schlagvolumen bei Belastung zunehmen kann, allerdings nur um etwa 20–30%.

Als Faustregel für die maximal erreichbare Herzfrequenz bei gesunden Erwachsenen gilt: 220 minus Lebensalter in Jahren. Im Extremfall kann also eine Herzfrequenz von 200 Schlägen pro Minute und ein Schlagvolumen von 100 ml das Herzzeitvolumen auf **20 Liter pro Minute** steigern. Das ist das Vierfache des Ruhewertes!

Die Anpassung der Herzfrequenz an die Bedürfnisse des Körpers unter Belastungsbedingungen erfolgt weitgehend über das **vegetative Nervensystem** *(vgl. dazu Kap. E.3)*. Der **Sympathicus** und das Hormon **Adrenalin** steigern die Herzfrequenz. Das passiert allerdings nicht nur bei körperlicher Belastung, sondern auch in Streß-Situationen *(vgl. Kap. H)*.

Der **Parasympathicus** hat eine hemmende Wirkung auf die Herztätigkeit. Dazu kommt es während der Verdauung, im Schlaf, und wenn wir uns entspannen.

3.3 Bau und Funktion der Gefäßtypen

Abbildung 29 zeigt die wichtigsten Blutgefäße in unserem Körper.

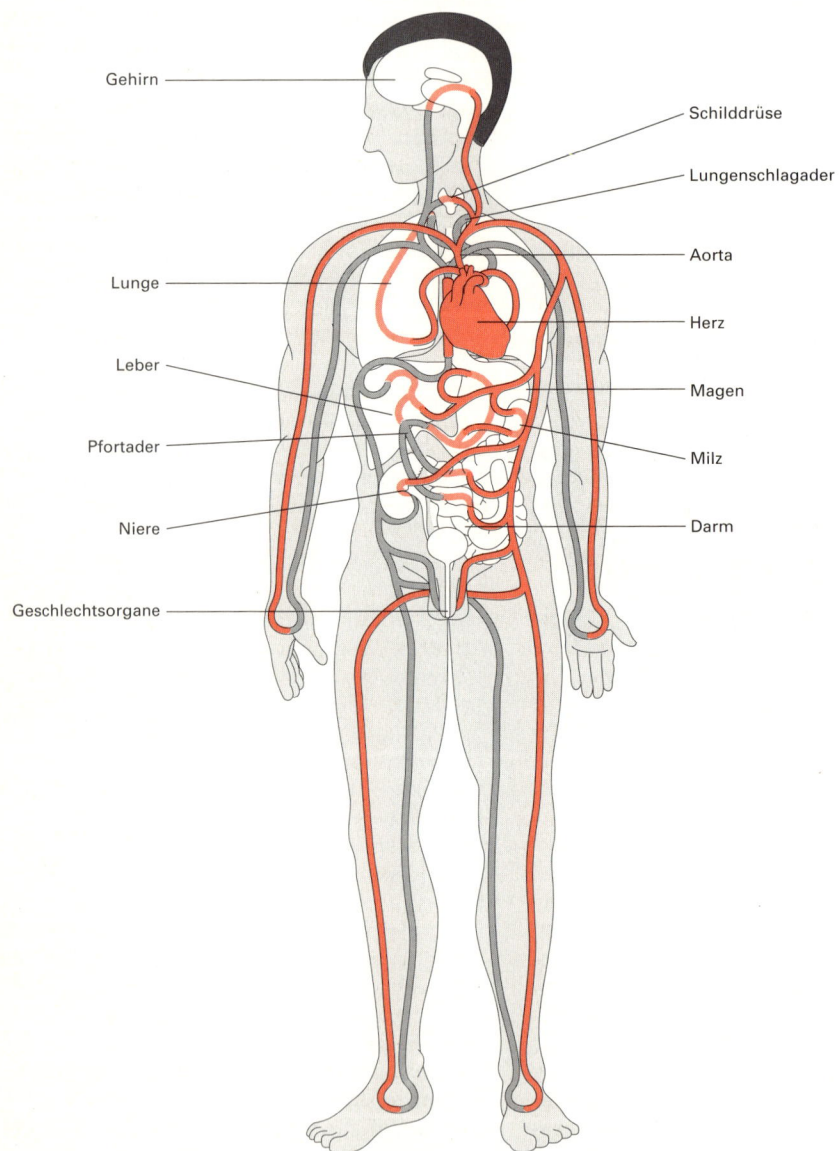

Gehirn

Schilddrüse

Lungenschlagader

Aorta

Lunge

Herz

Leber

Magen

Pfortader

Milz

Niere

Darm

Geschlechtsorgane

Abb. 29 Die wichtigsten Blutgefäße im menschlichen Körper

Wir wollen jetzt den Aufbau der einzelnen Gefäßtypen genauer erläutern.

3.3.1 Arterien

Wie Abbildung 30 zeigt, sind Arterien und Venen nach ähnlichen Prinzipien aufgebaut: ein röhrenartiger Hohlraum, in dem das Blut fließt, wird von Wänden begrenzt, die aus **drei Schichten** bestehen.

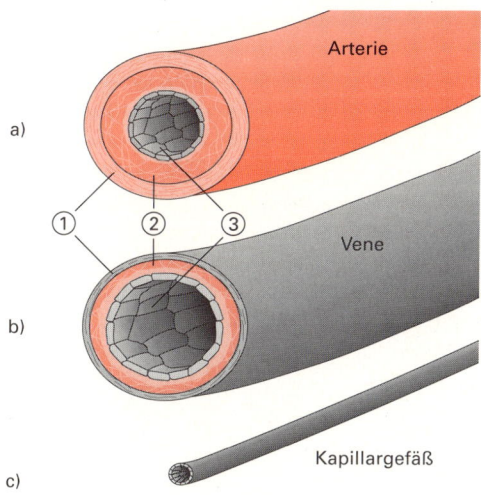

a)

b)

c)

Abb. 30 Aufbau von a) Arterien b) Venen und c) Kapillaren

Die innere Schicht besteht aus kleinen flachen Zellen, den **Endothelzellen** ③, die auf etwas Bindegewebe aufliegen. Die äußere Schicht ① besteht fast nur aus Bindegewebe und elastischen Fasern. Bei größeren Gefäßen ist diese Schicht von Nervenfasern und kleinen Blutgefäßen durchzogen. Durch die mittlere Schicht ② unterscheiden sich die verschiedenen Gefäßtypen. Sie besteht aus elastischen Fasern und glatten Mus-

kelzellen, deren Anteil aber stark variiert. Bei den großen herznahen Arterien, vor allem der Körperschlagader **(Aorta)**, ist die innere Schicht sehr dick und besteht vor allem aus elastischen Fasern. Sie werden als **Arterien vom elastischen Typ** bezeichnet. Sie sind **sehr dehnbar**. Dadurch sorgen sie für einen gleichmäßigen Blutstrom. In einer starren Röhre würde das Blut so weiterfließen, wie es vom Herzen ausgeworfen wird: schubweise. Die elastischen Arterien aber dehnen sich aus, wenn das Herz das Schlagvolumen auswirft. Während der anschließenden Diastole zieht sich die Gefäßwand wieder zusammen und schiebt so das zuvor gespeicherte Blut weiter.

In Abbildung 31 ist dargestellt, wie sich diese Dehnung als Druckwelle entlang der Arterie ausbreitet. Jeder kann diese Druckwelle als „Pulsschlag" an Stellen, an denen die Arterien nahe an die Hautoberfläche kommen, deutlich fühlen (z. B. an den Handgelenken, an den Schläfen, am Hals).

Mit zunehmender Entfernung vom Herzen werden die Wände der Arterien dünner, der Anteil der elastischen Fasern nimmt ab und der der Muskelfasern zu. Diese **Arterien vom muskulären Typ** können durch Kontraktion und Entspannung die Weite ihres Hohlraumes verändern. Sie regeln auf diese Weise die **Durchblutung** der einzelnen Organe. Wir kommen darauf noch zurück.

Durch Verzweigung entstehen immer kleinere Arterien, die auch als **Arteriolen** bezeichnet werden. Sie gehen in die Haargefäße oder Kapillaren über.

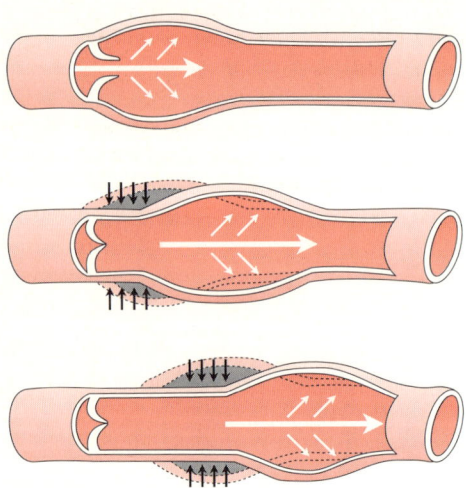

Abb. 31 Wie der „Pulsschlag" entsteht;
Erläuterungen im Text

Arteriosklerose. Die häufigste Beeinträchtigung der Durchblutung der Organe ist die Arteriosklerose*, in der Regel als Arterien„verkalkung" bekannt. Es handelt sich um krankhafte Veränderungen der Gefäßwände, die durch den normalen **Alterungsprozeß** hervorgerufen werden, deren Entstehung aber durch zusätzliche **Risikofaktoren** beschleunigt wird.
Zu diesen Risikofaktoren werden gerechnet:

1. Erhöhter Blutfettspiegel
2. Zuckerkrankheit *(Diabetes mellitus, Kap. A.7.2)*
3. Übergewicht *(Adipositas, Kap. A.7.1)*
4. Bewegungsmangel
5. Zigarettenrauchen
6. Erhöhter Blutdruck
7. Chronischer Streß *(Kap. H)*

An den geschädigten Gefäßwänden kommt es zu **Ablagerungen** mit der

Folge, daß die Gefäße immer **enger** werden, die Wände sich **verhärten** und an **Elastizität verlieren**. In solchen Arterien verschlechtert sich der Durchfluß des Blutes. Die Folge ist, daß die Organe, die von diesen Arterien versorgt werden, unter **Sauerstoffmangel** leiden. Oft bildet sich zusätzlich ein Blutgerinnsel *(vgl. Kap. B.2.4)*, das das Gefäß vollständig verstopft *(Abb. 32)*. Dabei können ganze Gewebeabschnitte absterben.

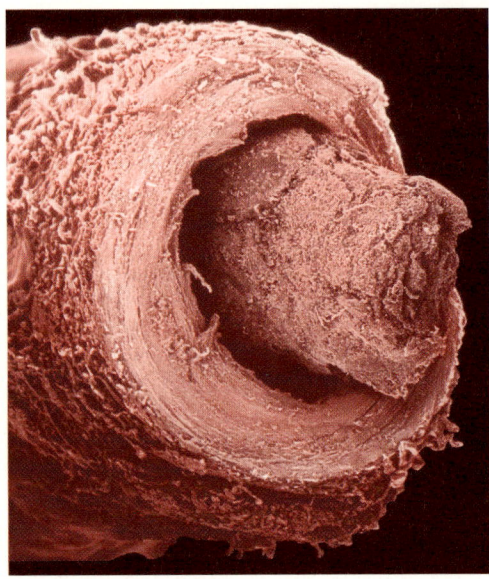

Abb. 32 Durch Arteriosklerose verengte und durch ein Blutgerinnsel verstopfte Arterie

Derartige **Infarkte*** sind besonders gefährlich, wenn das **Herz** (Herzinfarkt) oder das **Gehirn** (Schlaganfall) betroffen sind.

3.3.2 Kapillaren

Die Kapillaren sind die kleinsten Blutgefäße. Ihr Durchmesser beträgt nur etwa $^{5}/_{1000}$ mm. Mit einer Gesamtlänge von etwa 100 000 Kilometern bilden sie jedoch den Hauptteil des menschlichen Gefäßsystems.

Die Wände bestehen nur aus Endothelzellen *(vgl. Abb. 30c)*. Durch sie können Nährstoffe, Vitamine, Mineralstoffe, Sauerstoff und Wasser vom Blut in die Gewebsflüssigkeit übertreten und von dort in die Zellen gelangen. Umgekehrt geben die Zellen Kohlendioxid, Harnstoff und andere Stoffwechselprodukte an die Gewebsflüssigkeit ab; sie gelangen durch die Kapillarwände ins Blut.

3.3.3 Venen

Die Kapillaren gehen an ihrem Ende in kleine Venen **(Venolen)** über. Diese vereinigen sich dann zu großen Venen, die das Blut dem Herz zuführen.

In den Wänden der Venen ist die innere Schicht im Vergleich zu den Arterien sehr dünn und enthält vor allem elastische Fasern *(vgl. Abb. 30b)*. Dadurch sind sie **außerordentlich gut dehnbar** und haben ein großes Fassungsvermögen. So kommt es, daß sich unter Ruhebedingungen etwa $^{2}/_{3}$ des gesamten Blutvolumens in den Venen befindet *(Abb. 33)*.

Die Venen dienen also als **Blutreservoir**. Bei Bedarf können daraus größere Blutmengen in andere Teile des Körpers verschoben werden (z. B. wenn bei körperlicher Belastung das Herzzeitvolumen gesteigert werden muß).

Ein kleines Problem stellt der **Rückstrom** des Blutes zum Herzen dar. Von dem Blutdruck, den das Herz in den Ar-

terien erzeugt, bleiben in den Kapillaren nur noch etwa 10% übrig *(vgl. Abb. 36)*. Dieser Restdruck reicht unter Ruhebedingungen in der Regel aus, um z. B. auch das Blut aus den Beinen gegen die Erdanziehung zum Herzen zu befördern. Damit das Blut dabei nicht zurückfließt, besitzen die Venen im Abstand von eini-

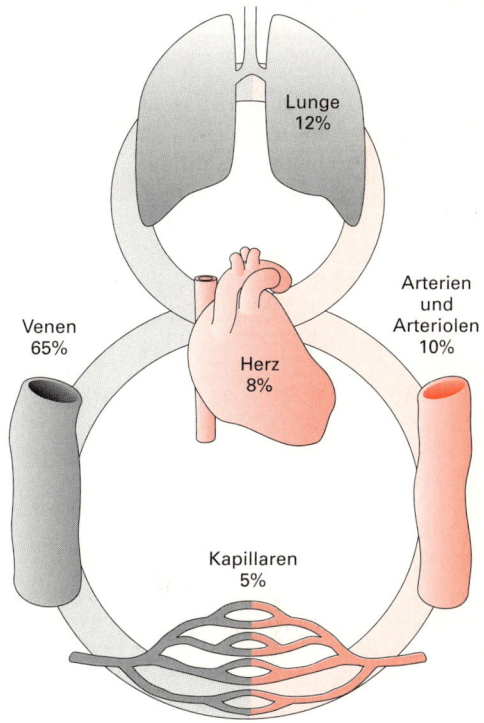

Abb. 33 *Verteilung des Blutvolumens auf die verschiedenen Gefäßabschnitte*

gen Zentimetern **Taschenklappen** *(Abb. 34)*, die sich nur in Richtung des Blutstromes öffnen. Strömt das Blut in die andere Richtung, entfalten sich die

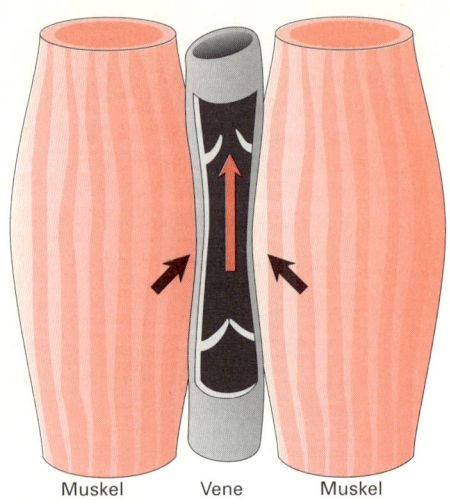

Muskel   Vene   Muskel

*Abb. 34 Funktion der Venenklappen und
der Muskelpumpe*

Klappen und verhindern ein Zurückfließen des Blutes (Ventilwirkung).
Wenn allerdings bei körperlicher Belastung das Herzzeitvolumen ansteigt und
bis zu viermal mehr Blut durch die Venen
dem Herzen zugeführt werden muß,
reicht das geringe Druckgefälle nicht
mehr aus. In solchen Situationen unterstützt die sogenannte **Muskelpumpe**
den venösen Rückstrom *(Abb. 34)*. Wenn
die Skelettmuskeln kontrahieren, die
eine Vene umgeben, verdicken sie sich
etwas. Dabei drücken sie die Vene zusammen. In Verbindung mit den Taschenklappen wird das Blut in Richtung
Herz befördert.

Krampfadern. Das Klappensystem der
Venen funktioniert nur, wenn die Venenwände ausreichend unter Spannung stehen. Fehlt diese Spannung, kommt es zu
übermäßigen Erweiterungen. Dabei ent-
fernen sich die Enden der Venenklappen

so weit voneinander, daß sie nicht mehr
vollständig schließen. Das nun zurück-
fließende Blut dehnt die Venenwände zusätzlich; es kommt zu deutlichen Aus-
sackungen, die als Krampfadern bezeichnet werden.

Pfortadersystem. Auf eine Besonderheit des venösen Gefäßsystems wollen
wir noch kurz eingehen. Wie in Abbildung 29 zu sehen ist, fließt das Blut aus
den Verdauungsorganen nicht direkt
zum rechten Herzen zurück, sondern die
Gefäße vereinigen sich zunächst zu einer
großen Vene: der **Pfortader** *(vgl. S. 58)*.
Die Pfortader führt das Blut, das in den
Verdauungsorganen mit Nährstoffen an-
gereichert wurde, zuerst zur **Leber**. In
der Leber laufen dann zahlreiche Stoffwechselvorgänge ab, durch die z. B. gefährliche Substanzen entgiftet werden.
Vor allem erfolgt hier der Umbau und die
Speicherung von Nährstoffen *(vgl. Kap.
A.5.4)*.

3.3.4 Lymphgefäße

Beim Durchströmen der Kapillaren wandern täglich etwa 20 Liter Flüssigkeit in
das umgebende Gewebe ein. Die Zellen
entnehmen aus dieser **Gewebsflüssigkeit** ihre Nährstoffe und scheiden Abfall
in sie aus. Etwa 18 Liter werden von den
Kapillaren wieder aufgenommen, der
Rest (2 Liter) verbleibt länger im Gewebe. Diese überschüssige Gewebsflüssigkeit wird als **Lymphe** bezeichnet; sie
wird über **Lymphgefäße** wieder ins
Blut zurücktransportiert.
Die Lymphgefäße sind an ihrem dünnen
Ende offen. Diese **Lymphkapillaren**
vereinigen sich zu immer größer wer-
denden Gefäßen, den **Lymphbahnen**,
die schließlich in die **linke Schlüssel-**

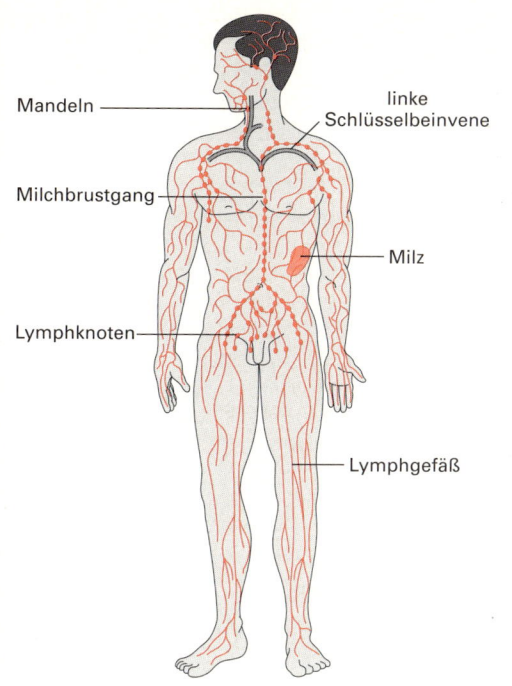

Mandeln

linke
Schlüsselbeinvene

Milchbrustgang

Milz

Lymphknoten

Lymphgefäß

beinvene einmünden *(Abb. 35)*, wo sich Lymphe und Blut wieder vereinigen. Lymphgefäße sind ähnlich aufgebaut wie Venen, und sie bewegen auch ihren Inhalt auf vergleichbare Weise, aber viel langsamer. Dadurch bleibt Zeit, die Lymphe zu **reinigen**. Das passiert vor allem in den **Lymphknoten**, in denen sich weiße Blutkörperchen festsetzen und auf Krankheitserreger „lauern".

Abb. 35 Das Lymphgefäßsystem

4. Die Regulation des Blutkreislaufs

Da mit Hilfe des Blutkreislaufs alle lebenswichtigen Stoffe zu den Körperzellen transportiert werden, sorgen verschiedene Mechanismen in unserem Organismus dafür, daß 1. kontinuierlich ein ausreichender Blutdruck aufrechterhalten wird, und daß 2. die einzelnen Organe und Gewebe bedarfsgerecht durchblutet werden.
Innerhalb der Blutgefäße herrscht ein vom Herz erzeugter Druck, der als **Blutdruck** bezeichnet wird. Wie Abbildung 36 zeigt, ist er in der Aorta am größten.

Er erreicht hier unter Ruhebedingungen normalerweise während der Systole einen Wert von 120 und während der Diastole einen Wert von 80. (Diese Zahlen geben an, wie viele Millimeter eine Quecksilbersäule hochgedrückt wird, abgekürzt **mm Hg**.) Die beiden Werte kann der Arzt an einer Armarterie messen. Sie werden als **systolischer** und **diastolischer Blutdruck** bezeichnet. Sie können Aufschluß über den Gesundheitszustand des Herz-Kreislaufsystems geben.

Versuch:

Besorge dir in der Apotheke oder von Verwandten ein Blutdruckmeßgerät und bestimme deine beiden Blutdruckwerte nach Gebrauchsanweisung. Der Meßwert beim ersten Klopfen gibt den systolischen Blutdruck an. Der Meßwert, bei dem das Klopfen verschwindet, gibt den diastolischen Blutdruck an.

Im **Körperkreislauf** fällt der Aortendruck in den sich verzweigenden Arterien und Arteriolen um etwa 90% ab. Diese Druckdifferenz sorgt dafür, daß das Blut zu den Kapillaren fließt. Gleichzeitig vergrößert sich der Gesamtquerschnitt der Gefäße. Dadurch strömt das Blut immer langsamer. Die Strömungsgeschwindigkeit fällt von 20 cm pro Sekunde in der Aorta auf unter 1 mm pro Sekunde in den Kapillaren! Das ist sinnvoll, weil dadurch der Stoffaustausch ermöglicht wird. Wie der venöse Rückstrom funktioniert, haben wir bereits im letzten Abschnitt erläutert.

Im **Lungenkreislauf** sind die Druckverhältnisse um einiges niedriger. Die rechte Herzkammer erzeugt in der Lungenarterie einen systolischen Blutdruck von etwa 20. Offensichtlich reicht die geringe Druckdifferenz für die kurze Entfernung zwischen Herz und Lunge aus. Der venöse Rückstrom zum Herzen funktioniert genau wie im Körperkreislauf.

Um seine biologischen Aufgaben erfüllen zu können, muß der Blutdruck auf den angegebenen Werten gehalten werden. Zu hohe Werte **(Hypertonie*)** können das Herz, das Gehirn und vor allem die Niere schädigen. Bei zu niedrigen Werten **(Hypotonie*)** wird nicht genügend Sauerstoff zu den Organen transportiert; im Gehirn führt das zu Konzentrationsschwäche und Müdigkeit.

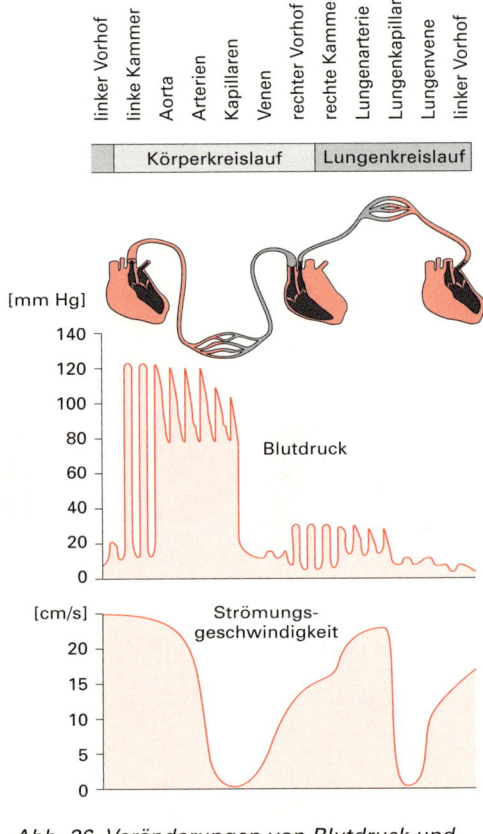

Abb. 36 *Veränderungen von Blutdruck und Strömungsgeschwindigkeit in den verschiedenen Abschnitten des Herz-/Kreislaufsystems*

Der Körper **reguliert** den Blutdruck über die **Herzfrequenz** und die **Gefäßweite**. Steigt der Blutdruck zu sehr an, werden über das vegetative Nervensystem einige Blutgefäße weiter gestellt und die Schlagfrequenz des Herzens gesenkt: der Blutdruck fällt ab. Fällt der Blutdruck zu sehr ab, werden – wieder über das vegetative Nervensystem – einige Blutgefäße verengt und die Schlagfrequenz des Herzens gesteigert: der Blutdruck steigt an.

Mit genau denselben Mechanismen **reguliert** der Körper die **Blutverteilung** im Organismus und paßt sie dem wechselnden Bedarf an.

Tabelle 8 zeigt, wie sich das Herzzeitvolumen unter Ruhebedingungen und bei maximaler körperlicher Belastung auf die einzelnen Organe verteilt.

Organe	Durchblutung (ml/min)	
	in Ruhe	maximale Belastung
Herz	250	1 000
Gehirn	750	750
Verdauungsorgane	2500	500
Skelettmuskulatur	1000	17 000
Haut	500	750
Herzzeitvolumen	5000	20 000

Tab. 8 Verteilung des Herzzeitvolumens in Ruhe und bei maximaler körperlicher Belastung

Wenn wir ruhen, fließt das Blut zu 50% den inneren Organen, d. h. den **Verdauungsorganen** und den **Nieren** zu. Unter diesen Bedingungen kommt die Skelettmuskulatur mit nur 20% aus, um ihren Ruhestoffwechsel aufrechtzuerhalten. Das Gehirn benötigt, obwohl es nur etwa 2% der Körpermasse ausmacht, stattliche 15%.

Wenn bei bestimmten Sportarten (Laufen, Schwimmen, Radfahren) gleichzeitig viele Muskelgruppen aktiv sind, wird – wie bereits erläutert – vor allem über eine **Steigerung der Herzfrequenz** die umlaufende Blutmenge bis auf das Vierfache vermehrt. Gleichzeitig wird über eine **Erweiterung der Gefäße** der größte Teil des Herzzeitvolumens den Muskeln und dem Herzen zugeleitet. Zu den Verdauungsorganen strömt durch eine **Verengung** der Gefäße nur noch wenig Blut, während sich die Durchblutung des Gehirns nicht verändert.

Teste dein Wissen!

Aufgaben B4–B10:

B/4 — Welche Aufgaben erfüllt das Blut in unserem Körper?

B/5 — Welche Blutzellen gibt es und welche Funktion haben sie?

B/6 — In welchen Phasen verläuft der Verschluß einer Wunde?

B/7 — Warum ist ein Mensch mit Blutgruppe 0 zwar ein Universalspender, aber kein Universalempfänger?

B/8 — Gib einen Überblick über das Herz-Kreislaufsystem.

B/9 — Wodurch unterscheiden sich Arterien, Venen und Kapillaren?

B/10 — Wie kommt es, daß das Blut immer in derselben Richtung durch den Körper fließt?

C. Atmung

Rettung in letzter Sekunde

Um Haaresbreite wäre die 4jährige Julia das Opfer eines Schwelbrandes geworden, der auf dem Dachboden eines Miethauses durch einen Kabelbrand entstanden war. Aufmerksame Passanten entdeckten die Rauchwolken und alarmierten sofort die Feuerwehr. Diese drang sofort in die Wohnung ein und fand die bereits bewußtlose Julia. Durch den sofortigen Einsatz eines Sauerstoffgerätes konnte das Leben des Mädchens gerettet werden.

Hainburg – Tauchversuch mit schlimmen Folgen

Der 12jährige Markus K. konnte in letzter Sekunde gerettet werden. Sein sportlicher Ehrgeiz als DLRG-Rettungsschwimmer wäre ihm beinahe zum Verhängnis geworden: Er hatte bei einem langen Tauchgang die Orientierung unter Wasser verloren und sank bewußtlos auf den Beckengrund des städtischen Hallenbades.
Der Geistesgegenwart des Schwimmeisters Egon W. war es zu verdanken, daß Markus überlebte. Nur mit einer lang andauernden Mund-zu-Mund-Beatmung konnte Egon W. ihn ins Leben zurückholen. Ein Sauerstoffgerät für solche Fälle fehlte leider. Egon W. sagte: „So froh wie in dem Moment, als der Junge wieder anfing zu atmen, war ich vorher noch nie."

Wenn die Luftwege immer enger werden ...

... reicht der Atem nicht mehr, um eine Kerze auszupusten

Für Menschen mit schwerer chronischer Bronchitis, unter der in Deutschland über eine halbe Million Menschen leiden, wird jede Nacht zur Qual. Schon bei der geringsten Anstrengung, bei jedem Schritt, wird die Atemnot größer. Die Angst zu ersticken läßt die betroffenen Menschen kaum noch schlafen. Wacht der 70jährige ehemalige Bergmann Küppers in der Nacht auf, so muß er die Küche erreichen: Hier hat er seine Tropfen, Tees und Medikamente, die seinen Husten lockern und den Schleim in den Bronchien lösen können. Erst wenn er seine heißen Arzneien getrunken hat, setzt er sich hin, stützt seine Unterarme auf die Knie und hustet so lange, bis er wieder einigermaßen Luft bekommt.
Hinlegen darf er sich allerdings nicht. Also versucht er im Sitzen zu dösen – bis zum nächsten heftigen Anfall. (verändert nach einem Artikel aus dem Stern 4/81)

1. Aufgaben der Atmung

Ohne Atmung kann kein Mensch leben. Wie lebensnotwendig das Atmen ist, wird am besten daran deutlich, daß niemand über längere Zeit den Atem anhalten kann; bereits nach kurzer Zeit bewirkt ein innerer Drang, daß wir weiteratmen. Warum **müssen** wir atmen?

Wir haben im Kapitel über die Ernährung erläutert, daß die Zellen unseres Körpers die **Energie** für die Aufrechterhaltung der Lebensprozesse nur gewinnen können, wenn sie die Nährstoffe mit Hilfe von **Sauerstoff** „verbrennen" *(vgl. Kap. A.5.3)*. Diesen Sauerstoff kann unser Körper nur der umgebenden **Luft** entnehmen. Gleichzeitig entsteht als Abfallprodukt des Energiestoffwechsels **Kohlendioxid**, das ausgeschieden werden muß.

Im Kapitel über den Blutkreislauf haben wir erläutert, wie die beiden Gase in unserem Körper transportiert werden *(vgl. Kap. B)*. Der **Gasaustausch**, d. h. die Abgabe von Kohlendioxid und die Aufnahme von Sauerstoff, erfolgt in den **Lungen**. Die Luft in den Lungen muß ständig erneuert werden. Das erfolgt durch die **Atembewegungen**. Die Atmungsorgane sind für die Erfüllung dieser Aufgaben besonders konstruiert.

2. Bau und Funktion der Atmungsorgane

Einen Überblick über die Atmungsorgane gibt Abbildung 37 *(vgl. S. 69)*.

2.1 Die Atemwege

In der Regel atmen wir durch die Nase. Wir können auch durch den Mund atmen, aber das hat einige Nachteile.
Wenn wir **durch die Nase** einatmen, strömt die Luft an der **Nasenschleimhaut** entlang. Dabei wird die Luft **erwärmt, befeuchtet** und **gereinigt**. Staubteilchen („Dreck") und Krankheitserreger bleiben an den feinen **Flimmerhärchen** und am **Schleim**, den die Schleimhautzellen unablässig produzieren, hängen. Die Erwärmung sorgt dafür, daß die eingeatmete Luft bereits im Rachenraum die Körperinnentemperatur von etwa 37 °C erreicht hat. Das erleichtert den Gasaustausch in der Lunge. Die Befeuchtung erfolgt dadurch, daß die Schleimhäute (vor allem in den Lungen) kontinuierlich Wasser(dampf) abgeben; die empfindlichen Lungenbläschen werden auf diese Weise vor dem Austrocknen geschützt.
Wie effektiv die Luft erwärmt wird, hat jeder im Winter bei niedrigen Außentemperaturen schon mal genutzt: wenn man sich mit dem Atem die Finger wärmt.
Für die normalen Aktivitäten reicht in der Regel die Atmung durch die Nase aus – es sei denn, sie ist verstopft. Wenn bei

körperlicher Belastung bis zu 100 Liter Luft in der Minute ein- und ausgeatmet werden, geht das nur noch **durch den** **Mund**, weil die Mundöffnung der strömenden Luft viel weniger Widerstand entgegensetzt.

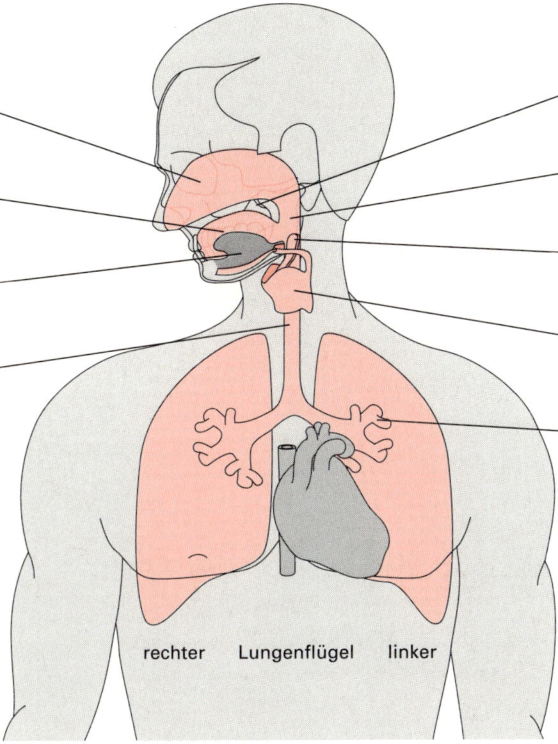

Nasenhöhle

Mundhöhle

Zunge

Luftröhre

harter Gaumen

Rachen

Kehldeckel

Kehlkopf

Bronchien

rechter   Lungenflügel   linker

Abb. 37 Übersicht über die Atmungsorgane

C/1

Aufgabe:

Welche Nachteile hat die Mundatmung im Vergleich zur Nasenatmung?

Über die **Rachenhöhle** gelangt die Luft in die **Luftröhre**. Das ist ein 10–12 cm langer Schlauch aus Knorpelgewebe. An dessen Spitze befindet sich der **Kehl-** **kopf**, der für die Lauterzeugung beim Sprechen und Singen zuständig ist. Hier kreuzen sich die mit Nase und Mund beginnenden Luft- und Speisewege und teilen sich in Luft- und Speiseröhre auf. Als Schaltstelle sitzt hier der **Kehldeckel**, der dafür sorgt, daß die Luftröhre immer dann verschlossen wird, wenn Nahrung geschluckt und in die benachbarte Speiseröhre befördert wird. Jeder weiß, wie unangenehm es ist, wenn das mal nicht funktioniert.

An ihrem Ende teilt sich die Luftröhre in die zwei **Bronchien*** auf. Sie leiten die Luft in die **Lungen**, in denen sie sich wie Äste eines Baumes immer stärker verzweigen **(Bronchiolen*)**.

2.2 Die Lungen

Die Lungen bestehen aus zwei völlig getrennten Teilen, den **Lungenflügeln**, die zusammen die Brusthöhle fast vollständig ausfüllen.

Das Innere der Lungenflügel besteht zum größten Teil aus den **Lungenbläschen**. Das sind halbkugelförmige, dünnwandige Ausstülpungen am Ende der kleinsten Verzweigungen der Bronchien *(Abb. 38a)*.

Jedes Lungenbläschen hat nur einen Durchmesser von etwa 0,2 mm, aber die gewaltige Anzahl summiert sich zu einer Oberfläche von fast **100 m²** – erneut ein schönes Beispiel für das Prinzip der **Oberflächenvergrößerung**, das wir in der Biologie so häufig vorfinden.

Jedes Lungenbläschen ist von einem dichten **Netz von Blutkapillaren** umsponnen *(Abb. 38b)*. Deren dünne Wände stellen für Sauerstoff und Kohlendioxid keine Barriere dar: eine ideale Voraussetzung für den **Gasaustausch** *(vgl. Kap. C.4)*.

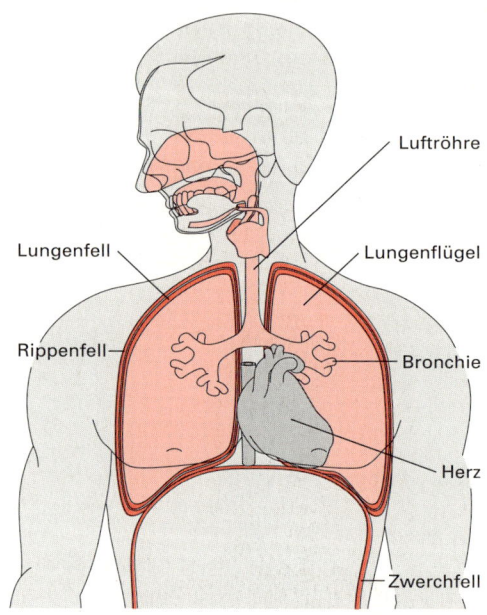

Abb. 39 Die Begrenzung der Lungen

Beide Lungenflügel sind außen von einer spiegelglatten, feuchten Haut überzogen: dem **Lungenfell** *(Abb. 39)*. Es grenzt, nur durch einen dünnen, mit Flüssigkeit gefüllten Spalt getrennt, an das **Rippenfell**, das den Brustraum auskleidet und mit den **Rippen** und dem **Zwerchfell** verwachsen ist.

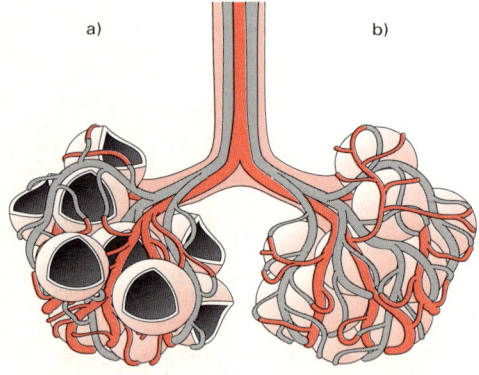

*Abb. 38 Lungenbläschen a) angeschnitten
b) von außen mit Kapillarnetz*

3. Die Mechanik der Atmung

3.1 Die Atembewegungen

Die Lungenbläschen müssen ständig belüftet werden, damit neuer Sauerstoff zugeführt und Kohlendioxid entfernt wird. Die Lungen verfügen selbst über keine Muskeln, die die Atembewegungen vollführen könnten. Sie folgen stattdessen den **Veränderungen der Brustkorbweite**. Das funktioniert deshalb, weil in dem schmalen Spalt zwischen Lungenfell und Rippenfell ein geringer **Unterdruck** herrscht und die beiden Häute gut **gegeneinander beweglich** sind.

Beim **Einatmen (Inspiration*)** erweitert sich der Brustraum. Die Lungen folgen dieser **Erweiterung**: sie dehnen sich dadurch aus, wobei sich vor allem der Hohlraum der Lungenbläschen **vergrößert**. Luft wird angesaugt.

Beim **Ausatmen (Exspiration*)** verkleinert sich der Brustraum. Die Lungen folgen dieser **Verengung**: sie sinken etwas zusammen, wobei sich der Hohlraum der Lungenbläschen **verringert**. Dadurch wird ein Teil der Luft nach außen gepreßt.

Die Erweitung des Brustraumes ist ein **aktiver Vorgang**, an dem – je nach Atmungstyp – unterschiedliche **Muskeln** beteiligt sind.

Bei der **Bauchatmung** spannen sich die **Muskeln des Zwerchfells** an. Dieses wird dabei nach unten gezogen *(Abb. 40a)*. Dadurch erweitert sich der Brustraum. Erschlaffen die Muskeln, wird das

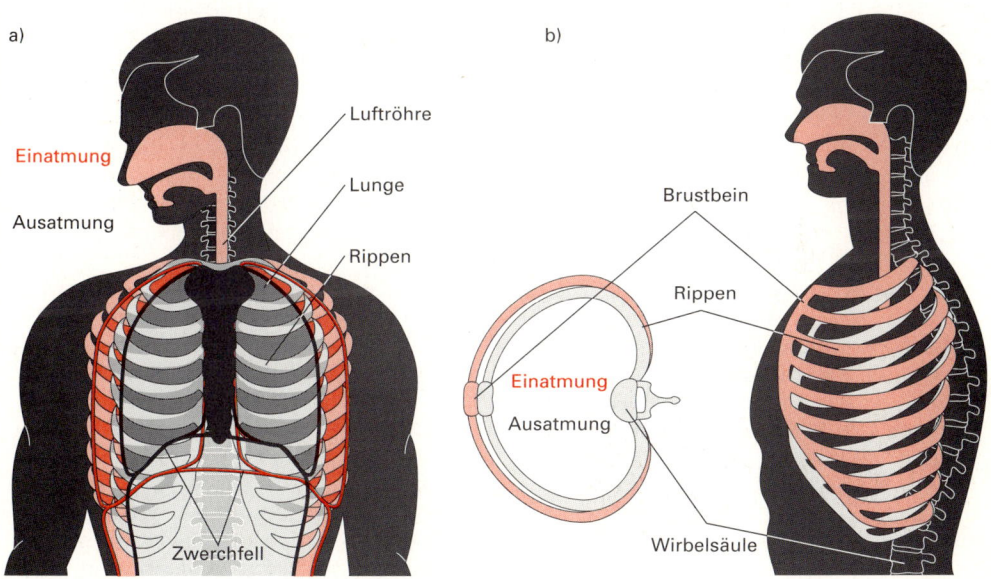

a)

Einatmung

Ausatmung

Luftröhre

Lunge

Rippen

Zwerchfell

b)

Brustbein

Rippen

Einatmung

Ausatmung

Wirbelsäule

Abb. 40 a) Bauchatmung, b) Brustatmung; Erläuterungen im Text

71

Zwerchfell von den Eingeweiden des Bauchraumes nach oben gedrückt; der Brustraum verengt sich wieder.

Bei der **Brustatmung** spannen sich die **Muskeln zwischen den Rippen** an. Dadurch wird der Brustkorb etwas angehoben *(Abb. 40b)*. Der Brustraum erweitert sich nach vorne und ein wenig auch zur Seite. Erschlaffen die Muskeln, senkt sich der Brustkorb und der Brustraum verengt sich wieder.

Das Ausatmen erfolgt also in der Regel **passiv**. Wenn wir allerdings sehr tief ausatmen, geht das nur mit **aktiver** Unterstützung der Muskeln der Bauchdecke, die den Druck auf das Zwerchfell verstärken, und besonderer Muskeln zwischen den Rippen die den Brustkorb mit Gewalt senken.

Aufgabe:

Warum kann man von ausgiebigem Lachen Bauchmuskelkater bekommen?

3.2 Atemzüge und Luftfassungsvermögen

Die wichtigsten Daten über Atemzüge und das Luftfassungsvermögen der Lungen sind in Abbildung 41 grafisch dargestellt. Wir wollen sie im einzelnen erläutern.

① Ein erwachsener Mann atmet unter Ruhebedingungen pro Minute etwa **7,5 Liter** Luft ein und wieder aus. Verteilt auf etwa 15 Atemzüge ergibt das ein **Atemzugvolumen** von **0,5 Liter**.

② Wenn dieselbe Person so tief wie möglich einatmet, verfünffacht sich die Luftmenge auf etwa 2,5 Liter. Die zusätzlich eingeatmete Luftmenge (etwa 2 Liter) stellt das **inspiratorische Reservevolumen** dar. Dieses kann bei vertiefter Atmung genutzt werden.

③ Atmet die Person nun die Luft so vollständig wie möglich aus, kommen etwa 4 Liter zusammen. Das sind 1,5 Liter mehr, als bei normaler Ausatmung zustande kämen. Diese Luftmenge stellt das **exspiratorische Reservevolumen** dar, das ebenfalls bei vertiefter Atmung genutzt werden kann.

④ Daraus ergibt sich das Lungenvolumen, das **maximal** ein- und ausgeatmet werden kann, die sogenannte **Vitalkapazität***. Sie ist abhängig vom Alter, vom Geschlecht und vom Körperbau.

⑤ Auch nach maximalem Ausatmen verbleiben noch etwa 1,5 Liter Luft in der Lunge. Das ist die sogenannte **Residualluft**. Sie kann zwar bei der Atmung nicht bewegt werden, vermischt sich aber dauernd mit der eingeatmeten frischen Luft und sorgt somit dafür, daß auch in der Ausatmungsphase Sauerstoff ins Blut gelangt. Der Gasaustausch erfolgt dadurch sehr gleichmäßig und unabhängig von den Atembewegungen.

⑥ Wenn bei körperlicher Belastung der Sauerstoffbedarf des Körpers größer wird, werden die **Luftreserven** der Lunge genutzt: Atemzugvolumen und Atemfrequenz werden gesteigert.

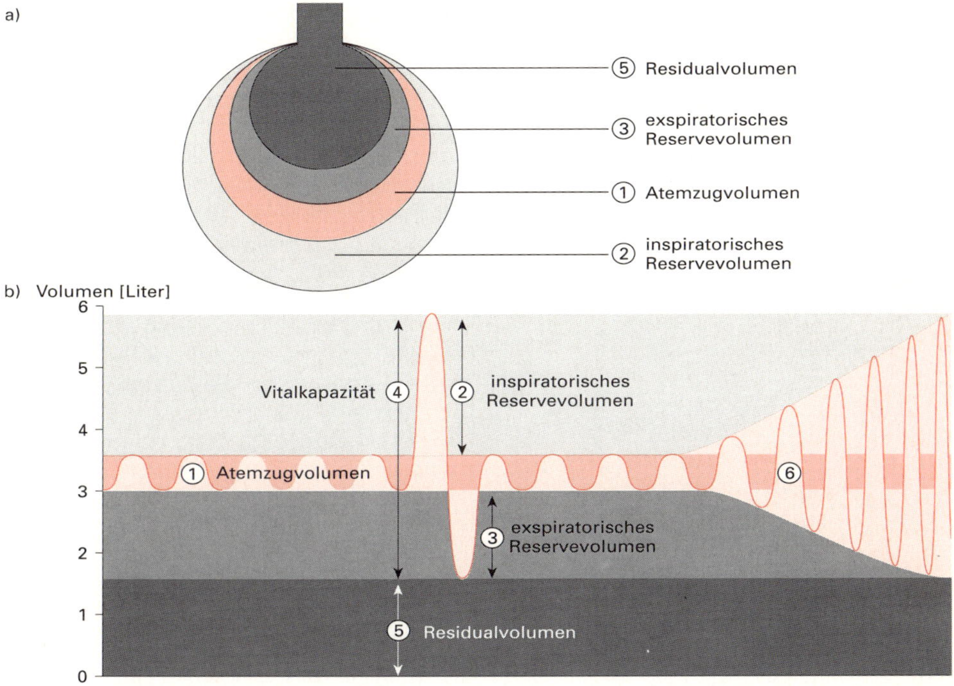

a)

⑤ Residualvolumen

③ exspiratorisches Reservevolumen

① Atemzugvolumen

② inspiratorisches Reservevolumen

b) Volumen [Liter]

Vitalkapazität ④ ② inspiratorisches Reservevolumen

① Atemzugvolumen ⑥

③ exspiratorisches Reservevolumen

⑤ Residualvolumen

Abb. 41 a) einfaches Modell zum Luftfassungsvermögen der Lunge, b) Volumen der Atemzüge; Erläuterungen im Text

Trainierte Sportler können ihre Atemfrequenz auf bis zu 50 Atemzüge pro Minute steigern. Da die Reserveluft bis zu 50% genutzt werden kann, steigt das Atemzugvolumen auf etwa 2 Liter. Das ergibt ein Atemzeitvolumen von bis zu **100 Liter pro Minute**!

Versuch:

Du kannst deine Vitalkapazität selbst messen. Atme maximal ein und blase die gesamte Luft aus den Lungen in eine Plastiktüte. Binde die mit Luft gefüllte Tüte gut zu und drücke sie in einen mit Wasser vollgefüllten Eimer, der eine Liter-Markierung hat. Der Wasserverlust entspricht deiner Vitalkapazität. (Du solltest den Versuch vorsichtshalber in der Badewanne durchführen!)

4. Der Gasaustausch in der Lunge

In Abbildung 42 sind schematisch zwei Lungenbläschen mit den sie umgebenden Kapillaren dargestellt.

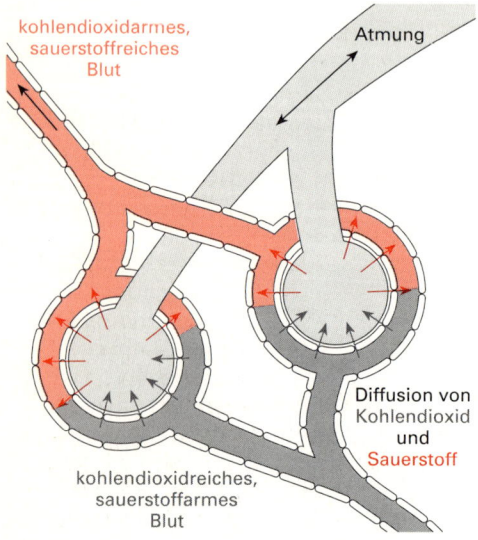

Abb. 42 *Gasaustausch in den Lungen-bläschen*

Der zuführende Schenkel (rechts unten) enthält **kohlendioxidreiches, sauerstoffarmes** (dunkles) Blut, das von der rechten Herzkammer in den Lungenkreislauf gepumpt wird. Das Blut fließt an den Lungenbläschen vorbei und gibt in einer sehr kurzen Kontaktzeit von nur 0,3 Sekunden das Kohlendioxid ab und nimmt gleichzeitig Sauerstoff auf (**Gasaustausch**). Der abführende Schenkel (links oben) enthält daher **sauerstoffreiches, kohlendioxidarmes** (helles) Blut, das über die Lungenvenen zum linken Herzen gelangt und von dort in den Körperkreislauf gepumpt wird.

Die **treibende Kraft** für den Gasaustausch zwischen den luftgefüllten Lungenbläschen und den blutgefüllten Lungenkapillaren ist der **unterschiedliche Gehalt an Sauerstoff und Kohlendioxid** in den beiden Räumen.

Die Luft, die wir einatmen, ist aus verschiedenen Gasen zusammengesetzt. Sie besteht zu 78% aus Stickstoff, zu 1% aus Edelgasen, zu 21% aus Sauerstoff und zu nur 0,04% aus Kohlendioxid *(Abb. 43)*. Damit ist der Sauerstoffgehalt in der eingeatmeten Luft **höher** als im ankommenden Blut. Sauerstoff wandert (**diffundiert***) daher passiv aus den Lungenbläschen ins Blut zu den roten Blutkörperchen, um an Hämoglobin gebunden zu werden *(vgl. Kap. B.2.2)*. Umgekehrt ist der Kohlendioxidgehalt im ankommenden Blut **höher** als in der eingeatmeten Luft. Kohlendioxid wandert also von den roten Blutkörperchen aus dem Blut in die Lungenbläschen.

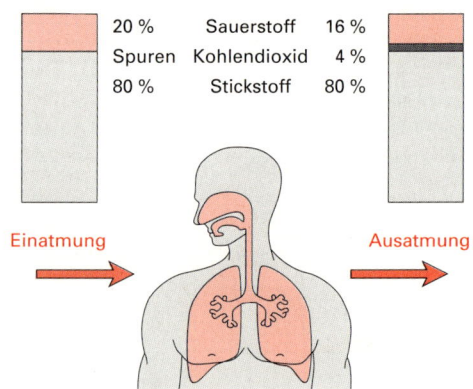

Abb. 43 *Sauerstoff- und Kohlendioxid-gehalt bei der Atmung*

Die Luft, die wir ausatmen, enthält nur noch 16% Sauerstoff, dafür aber 4% Kohlendioxid. Der Anteil der anderen Gase hat sich nicht verändert. Durch den Gasaustausch in den Lungenbläschen hat sich also der Sauerstoffgehalt um etwa 4% verringert, während der Kohlendioxidgehalt um etwa 4% größer geworden ist.

5. Die Regulation der Atmung

Wie wir in Kapitel B gezeigt haben, arbeitet das Herz weitgehend eigenständig, und das vegetative Nervensystem hat lediglich die Aufgabe, die Herztätigkeit dem Sauerstoffbedarf des Organismus anzupassen. Bei der Atmung ist das etwas anders. Die Muskeln, die die rhythmischen Atembewegungen hervorbringen, werden von einem **Taktgeber** im verlängerten Rückenmark gesteuert. Allerdings läßt sich die Atmung durch Einflüsse aus dem Gehirn willkürlich verändern, so daß wir z. B. den Atem anhalten können (wenn auch nicht lange) oder zum Sprechen und Singen ganz gezielt dosieren können.

Das **Atemzentrum** ist aber auch für die **Anpassung** des Atemrhythmus an die wechselnden Belastungen des Körpers zuständig. Wenn sich bei körperlicher Arbeit der Sauerstoffbedarf erhöht, sinkt der Sauerstoffgehalt im Blut ab. Gleichzeitig steigt der Kohlendioxidgehalt durch die vermehrte „Verbrennung" von Traubenzucker an. Beide Veränderungen tragen dazu bei, daß das Atemzeitvolumen gesteigert wird, allerdings in völlig unterschiedlichem Ausmaß.

Wir wollen das an einem Gedankenexperiment erläutern, das du auf gar keinen Fall nachmachen darfst, weil es zu schweren Schädigungen führt. Eine Versuchsperson atmet mehrere Minuten lang in einen an Mund und Nase abschließenden großen Plastikbeutel regelmäßig ein und aus. Dabei atmet sie das jeweils ausgeatmete Kohlendioxid wieder zurück. Abbildung 44 zeigt die während des Versuchs aufgezeichneten Atemzüge der Versuchsperson.

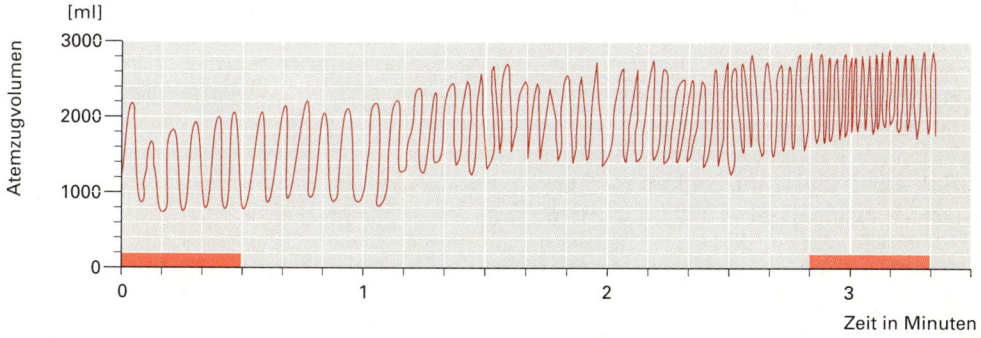

Abb. 44 Änderung von Atemfrequenz und Atemzugvolumen bei Kohlendioxid-Rückatmung

Aufgabe:

a) Wie viele Atemzüge wurden in den ersten und den letzten 30 Sekunden des Versuchs gemacht?

b) Wieviel ml Luft wurden in den ersten und den letzten 30 Sekunden je Atemzug durchschnittlich eingeatmet?

c) Um welchen Betrag hat sich das Atemzeitvolumen zwischen Anfang und Ende des Versuchs vervielfacht?

d) Was verursachte die Zunahme des Atemzeitvolumens bei diesem Versuch?

Alle von uns befragten Personen waren spontan davon überzeugt, daß der sinkende Sauerstoffgehalt im Blut die atmungsantreibende Kraft sein müsse. Wie Abbildung 45 zeigt, führt aber vor allem der **ansteigende Kohlendioxidgehalt** zu einer ausgeprägten Steigerung des Atemzeitvolumens.

a)

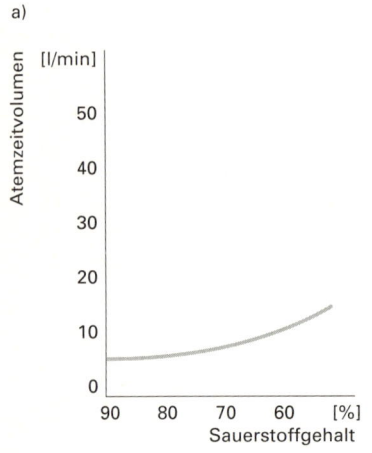

b)

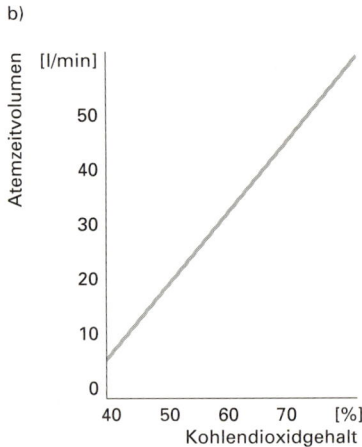

Abb. 45 Abhängigkeit des Atemzeitvolumens vom a) Sauerstoffgehalt
b) Kohlendioxidgehalt des Blutes in der Halsschlagader

! Die treibende Kraft der Atmung ist nicht der abnehmende Sauerstoffgehalt, sondern der ansteigende **Kohlendioxidgehalt im Blut**.

Teste dein Wissen!

Aufgaben C4–C7:

C/4

Wozu braucht unser Körper Sauerstoff?

C/5

Begründe, weshalb das Innere der Lungen aus tausenden von kleinen Lungenbläschen besteht.

C/6

Vergleiche das normale Atemzugvolumen mit der Vitalkapazität der Lungen. Welche Funktion hat diese Reserve?

C/7

Wie erfolgt der Gasaustausch in den Lungenbläschen?

D. Stabilität und Bewegung

Der nachweislich längste Mensch der Welt war mit 272 cm Robert P. Wadlow; die längste derzeit lebende Frau ist Sandy Allen mit 231,7 cm, der längste lebende Deutsche Konstantin G. Klein mit 223 cm; dagegen wirken die 59 cm, die der kleinste Mensch, Pauline Musters, maß, wahrlich zwergenhaft. Mit nur ca. 4 kg Gewicht wird sie von der schwersten lebenden Frau, Rosie Carnemolla, um fast das 100fache überboten, Rosie brachte 1988 stolze 385 kg auf die Waage.

Yiannis Konros legte 1985 in New York innerhalb von 24 Stunden 286,463 km zu Fuß zurück, Franz Jansen schaffte 1986 in der gleichen Zeit 827,4 km mit dem Fahrrad und die Renngemeinschaft Neuss 1988 233 km im Vierer mit Steuermann.

Ebenfalls in 24 Stunden legten Irene von der Laan 1985 82,1 km schwimmend und Sisko Kaimilainen 330,0 km auf Langlaufskiern zurück.

Walter Bähre bewältigte 1990 in 73 Tagen 5270 km mit einem 6 kg schweren Rucksack auf dem Rücken.

Eine gemischte Staffelgemeinschaft (Frauen und Männer) aus dem Großraum Göttingen bewältigte 1989 eine Strecke von 1000 x 1000 m, also von 1000 km innerhalb von 52:48:59 Stunden, was einer mittleren Geschwindigkeit von ca. 19 km/h entspricht.

Auf Langlaufskiern war Bill Koch 25,04 km/h schnell; Dan Jansen schaffte mit Schlittschuhen eine Höchstgeschwindigkeit von 49,44 km/h; Carl Lewis erreichte bei seinem Weltrekord über 100 m eine Geschwindigkeit von 36,51 km/h, Wladimir Adamaschwili auf dem Rad 71,29 km/h.

Mike Powell sprang 1991 8,95 m weit, Stefka Kostadinova 1987 2,09 m hoch.

Ronny Weller stemmte 1993 235,0 kg in die Höhe, Petra Mayer schaffte 1993 mit einer 25-kg-Hantel innerhalb von 30 Minuten 1203 Wiederholungen und kam damit auf ein Gesamtgewicht von 30 075 kg.

Wolfgang Bücken hielt 1991 ein Auto plus Fahrerin (748 kg) für 15 sec. in Brusthöhe hoch.

Nur auf den Händen gehend legte Johann Hurlinger 1900 in 55 je zehnstündigen Tagesetappen die 1400 km lange Strecke von Wien nach Paris zurück. Jagdish Chander schaffte auf Händen und Knien kriechend innerhalb von 15 Monaten ebenfalls eine Strecke von 1400 km.

(aus: Guinness Buch der Rekorde 94; Ffm. 1993)

1. Das menschliche Skelett*

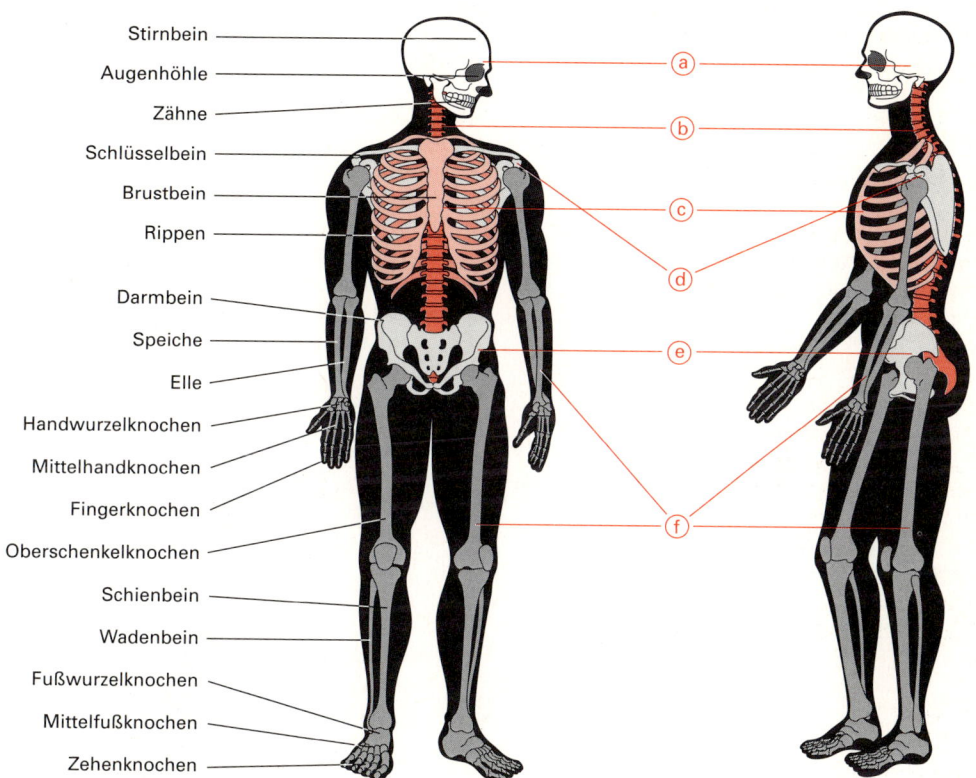

Stirnbein
Augenhöhle
Zähne
Schlüsselbein
Brustbein
Rippen
Darmbein
Speiche
Elle
Handwurzelknochen
Mittelhandknochen
Fingerknochen
Oberschenkelknochen
Schienbein
Wadenbein
Fußwurzelknochen
Mittelfußknochen
Zehenknochen

ⓐ ⓑ ⓒ ⓓ ⓔ ⓕ

Abb. 46 Menschliches Skelett

Beim Menschen besteht das Skelett aus mehr als 200 Knochen *(vgl. Abb. 46)*. Es untergliedert sich in verschiedene Funktionsabschnitte:

ⓐ den aus flachen, plattenförmigen Knochen bestehenden **Schädel**,

ⓑ die aus einzelnen Wirbelknochen zusammengesetzte **Wirbelsäule**,

ⓒ den aus 12 Rippenpaaren und dem Brustbein bestehenden **Brustkorb**,

ⓓ den von den Schlüsselbeinen und den Schulterblättern gebildeten **Schultergürtel**,

ⓔ den aus den Beckenknochen zusammengefügten **Beckengürtel**,

ⓕ das obere und untere **Gliedmaßenskelett**, das hauptsächlich von langgestreckten Knochen gebildet wird.

Das Skelett verleiht dem Körper **Stabilität** und sorgt gleichzeitig für **Elastizi-**

tät. Beispielsweise können die Wirbelsäule durch ihre Doppel-S-Form und die Fußknochen durch ihre gewölbeartige Anordnung Stöße federnd abfangen *(vgl. Skelett in seitlicher Ansicht in Abb. 46)*.

Darüber hinaus üben einzelne Skelettteile auch **Schutzfunktionen** aus. So schützen z.B. der Schädel das Gehirn, der Brustkorb das Herz und die Lunge und die Wirbelsäule das Rückenmark.

2. Knochen

Einzelne Knochen des Körpers können sehr starken Belastungen ausgesetzt sein. So müssen Schien- und Wadenbein eines Skifahrers oder Eiskunstläufers, der z. B. nach einer artistischen Sprungeinlage einbeinig aufkommt, nicht nur das ganze Körpergewicht, sondern zusätzlich noch die bei der Landung wirkenden Kräfte aushalten. Die Knochen halten dabei nicht nur den auftretenden Druckkräften stand, sondern sind auch widerstandsfähig gegenüber Zug- und Drehkräften. In der Technik werden derlei Anforderungen durch die Kombination verschiedener Materialien erreicht. So werden z. B. auf dem Bau in den druckfesten Beton zugfeste Stahlgitter eingefügt. Der „Stahlbeton" vereinigt dann beide Eigenschaften.

Die Frage nach den Materialien, aus denen sich die Knochen zusammensetzen, kann durch ein Experiment geklärt werden *(vgl. Abb. 47)*.

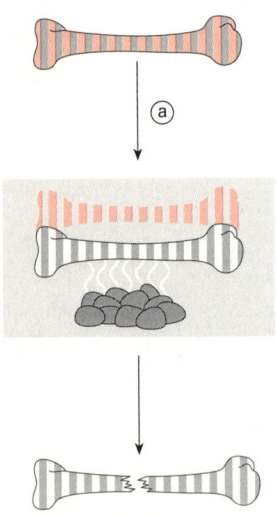 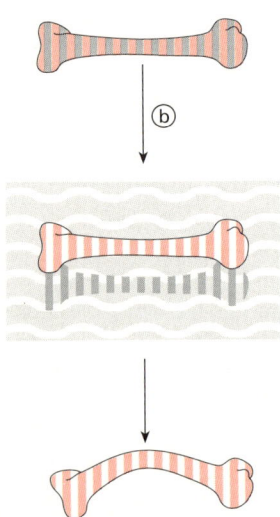

Abb. 47 Experiment zur Zusammensetzung eines Knochens

Ausgangsmaterial sind zwei Knochen, die man unterschiedlichen Einflüssen aussetzt:

ⓐ Der eine Knochen wird in glühende Kohle gelegt. Er behält bei dieser Prozedur zwar seine Gestalt, ist aber nach Abschluß des Verbrennungsvorganges sehr brüchig.

ⓑ Der andere Knochen wird in Salzsäure gelegt. Er behält ebenfalls seine Gestalt, ist aber anschließend biegsam.

Im Fall ⓐ verschwinden alle brennbaren Bestandteile und die unbrennbaren **anorganischen Substanzen** bleiben erhalten. Chemische Analysen ergaben, daß es sich dabei um verschiedene Salze handelt. Hauptbestandteile sind mit 86 % Calciumphosphat und mit 10% Calciumcarbonat („Kalk").

Im Fall ⓑ werden die säureempfindlichen Salze herausgelöst und übrig bleiben die **organischen Substanzen**. Dabei handelt es sich zu 95% um eiweißartige faserige Substanzen, die als kollagene* Fasern bezeichnet werden.

Insgesamt besteht ein Knochen zu 20–25% aus Wasser, zu 25–30% aus organischer und zu ca. 50% aus anorganischer Substanz.

Knochen sind also tatsächlich aus verschiedenen Materialien aufgebaut und weisen die Elastizität von Eichenholz, die Zugfestigkeit von Kupfer, die Biegefestigkeit von Stahl und eine bessere Druckfestigkeit als Sandstein auf.

Für diese faszinierenden Eigenschaften eines Knochens ist neben der stofflichen Zusammensetzung auch seine „Innenarchitektur" ausschlaggebend.

Diese wollen wir uns anhand einer Abbildung vor Augen führen *(vgl. Abb. 48)*. In seinem Inneren weist der Knochen einen Hohlraum auf ⓐ. Das darin befindliche **Knochenmark** ist von zahlreichen Blutgefäßen durchzogen. In ihm werden die Zellen des Immunsystems *(vgl. Kap. B und ML 69 Kap. C)* und die roten Blutkörperchen gebildet. Bei Knochen von Kindern erscheint es deshalb rot. Beim Erwachsenen hingegen erscheint es infolge von Fetteinlagerungen gelb.

Nach außen schließt sich harte **Knochensubstanz** an. Diese kann je nach Lage im Knochen in kompakter ⓑ oder in lockerer, schwammiger Form auftreten ⓒ. Die im Endteil des Knochens erkennbaren **Knochenbälkchen** ⓓ übertragen die in diesem Abschnitt *(dem Gelenkabschnitt, vgl. unten)* auftretenden Kräfte auf den röhrenförmigen Schaft (Mittelteil) des Knochens. Diese materialsparende „Trägerkonstruktion" trägt zu den oben genannten Eigenschaften des Knochens in entscheidender Weise bei.

Nach außen ist der Knochen mit Ausnahme der Ansatzstellen für Bänder und Sehnen sowie der Gelenkflächen von der

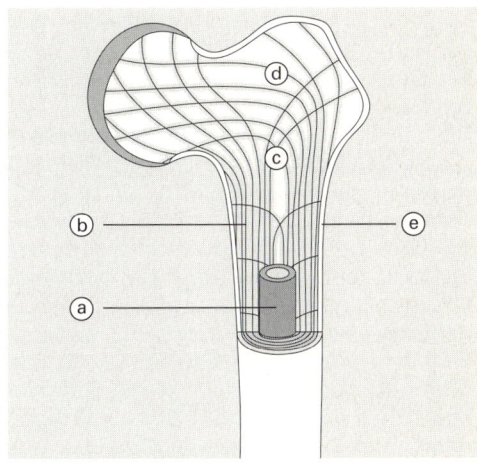

Abb. 48 Innerer Aufbau eines Röhrenknochens

Knochenhaut ⓔ überzogen. Sie ist von zahlreichen Nerven und Blutgefäßen durchzogen, die sich auch in das Knocheninnere hinein verzweigen. Letztere dienen der Ernährung des Knochens.

Außerdem spielt sie die entscheidende Rolle für das Knochenwachstum, indem von ihrer Innenseite aus Knochenbildungszellen entstehen.

3. Gelenke

Ein Teil der ca. 200 Knochen ist starr miteinander verbunden. Beispielsweise ist dies der Fall bei den einzelnen Knochen des Schädels, die beim Erwachsenen miteinander verwachsen sind und auf diese Weise eine feste, schützende Hülle um das Gehirn aufbauen. Bei anderen Knochen ist es hingegen wichtig, daß sie mit ihren Nachbarknochen beweglich verbunden sind. Dabei ist es notwendig, daß trotz aller **Beweglichkeit** zugleich ein fester **Zusammenhalt** zwischen den Knochen gewährleistet ist. Diese Aufgabe übernehmen die Gelenke.
Ein Gelenk besteht aus mehreren Teilen *(vgl. Abb. 49)*:
Die beiden aufeinander treffenden Teile der beiden Knochen werden als **Gelenkkopf** ⓐ und **Gelenkpfanne** ⓑ bezeichnet. An ihren Gelenkflächen sind diese Knochen mit einem elastischen **Knorpel** ⓒ überzogen, der wie ein Stoßdämpfer Druckbelastungen abfedert. Zwischen den beiden Knorpelschichten besteht eine Lücke, die als **Gelenkspalt** ⓓ bezeichnet wird und mit einer **Gelenkschmiere** ausgefüllt ist. Diese dient wie der Ölfilm in technischen Gelenken als Gleitmittel. Die **Gelenkkapsel** ⓔ – eine Fortsetzung der Knochenhaut – umhüllt das Gelenk und schließt den Spalt luftdicht nach außen ab. **Gelenkbänder** ⓕ

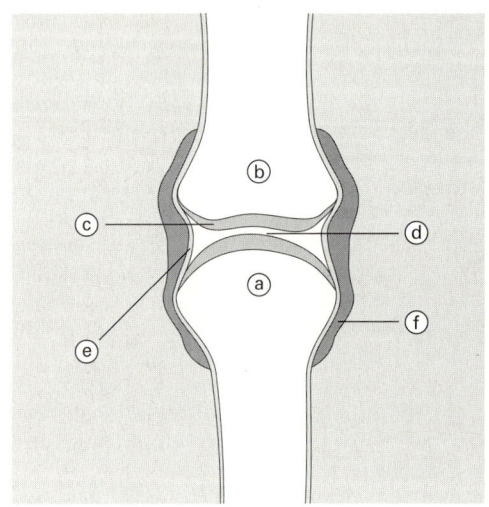

Abb. 49 Aufbau eines Gelenks

sind der Kapsel aufgelagert und geben dem Gelenk Halt und Führung.
Für zusätzlichen Zusammenhalt sorgen Muskeln oder Sehnen, die das Gelenk umgeben.
Bei starken Beanspruchungen können die Gelenkteile ihren Zusammenhalt verlieren. Dabei kann es zu Kapsel- und Bänderrissen und zu Bänderzerrungen kommen. Eine Überdehnung der Gelenk-

kapsel bezeichnet man als Verstauchung. Sind die Gelenkknochen gegeneinander verschoben, spricht man von einer Verrenkung.

Die Bedeutung des luftdichten Abschlusses des Gelenks durch die Gelenkkapsel kann in einem Modellversuch demonstriert werden:

Versuch:

Ein Rundkolben und ein Trichter, die in der Größe zueinander passen, werden so angeordnet, daß sie „Gelenkkopf" und „Gelenkpfanne" bilden *(vgl. Abb. 50)*. Dann wird der „Gelenkspalt" durch eine Gummihülle („Gelenkkapsel"), die Kolben und Trichter überzieht, abgedichtet. Als Material eignet sich z. B. ein passend zurechtgeschnittenes Stück eines Luftballons.

Wird die Öffnung des Trichters durch einen Stöpsel verschlossen, so ist der „Gelenkspalt" des Modells luftdicht verschlossen, und es gelingt trotz großer Kraftanstrengung nicht, die beiden „Knochen" auseinander zu ziehen. Entfernt man den Stopfen und hebt damit den luftdichten Abschluß auf, so ist es hingegen leicht, Trichter und Kolben voneinander zu trennen.

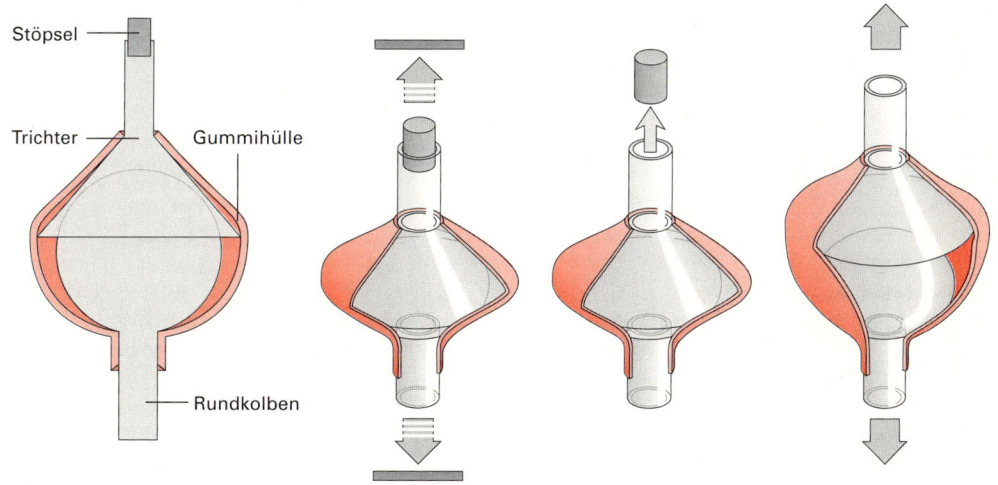

Abb. 50 Gelenkmodell

Je nach Form von Gelenkkopf und -pfanne können die beiden in einem Gelenk zusammentreffenden Knochen bestimmte Bewegungen durchführen, andere hingegen nicht. Man unterscheidet mehrere Gelenktypen *(vgl. Abb. 51).*

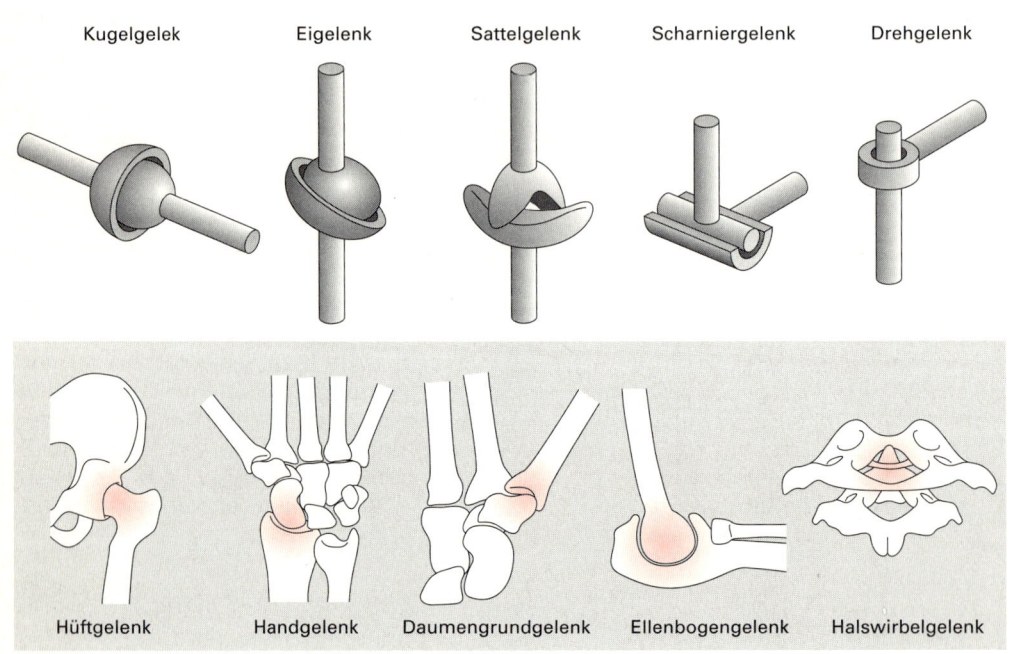

Kugelgelek Eigelenk Sattelgelenk Scharniergelenk Drehgelenk

Hüftgelenk Handgelenk Daumengrundgelenk Ellenbogengelenk Halswirbelgelenk

Abb. 51 Gelenktypen

Kugelgelenke (z. B. das Hüftgelenk oder das Schultergelenk) gestatten Bewegungen um alle drei Raumachsen, also in jeder Richtung.
Eigelenke (z. B. das Handgelenk) und **Sattelgelenke** (z. B. das Grundgelenk des Daumens) ermöglichen Bewegungen um zwei Raumachsen.
Bewegungen um lediglich eine Achse können mit den **Scharniergelenken** (z.B. dem Ellenbogengelenk oder den Fingergelenken) durchgeführt werden.
Gleiches gilt für die **Drehgelenke** (z. B. das Gelenk zwischen „Atlas" und „Axis", den beiden ersten Halswirbeln). Das Gelenk zwischen den beiden obersten Halswirbeln ist also für das Kopfschütteln zuständig. Beim Kopfnicken verschieben sich hingegen die anderen Halswirbel gegeneinander.

Überprüfe durch Eigenbeobachtung die oben genannten Gelenke auf ihre Bewegungsmöglichkeiten. Beschreibe deine Beobachtungen.

Untersucht man das größte Gelenk unseres Körpers, das **Kniegelenk**, so kann man eine Besonderheit feststellen:

Versuch:

Setze dich auf eine Tischkante und überprüfe, welche Bewegungen aus dem Kniegelenk heraus a) bei angewinkeltem und b) bei gestrecktem Bein möglich sind.

Versuch 7 zeigt, daß das Kniegelenk die typischen Beuge- und Streckbewegungen eines Scharniergelenks erlaubt, darüber hinaus im angewinkelten Zustand aber noch eine Drehbewegung um die Längsachse des Unterschenkels.
Um dies zu verstehen, werden wir das Kniegelenk noch eingehender betrachten *(vgl. Abb. 52)*.

Die Fähigkeit des Kniegelenks, als „Doppelgelenk" zu funktionieren, wird durch zwei halbmondförmige Knorpelscheiben, die **Menisken**, ermöglicht. Sie bil-

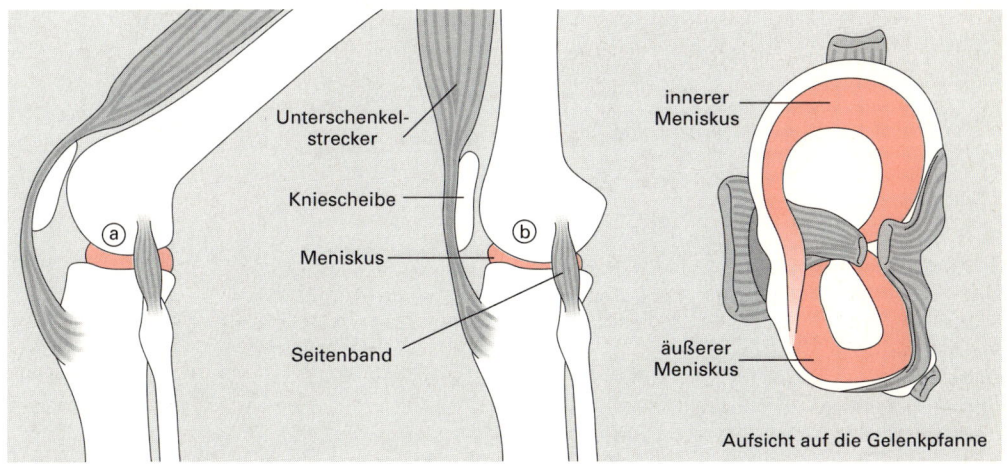

Abb. 52 Bau des Kniegelenks

den die Gelenkpfannen für den Kopf des Oberschenkelknochens.

Im angewinkelten Zustand sitzt dieser locker auf den Menisken auf ⓐ, wodurch die leichte Drehbewegung möglich wird. Günstig ist das z. B. beim Bergsteigen, denn so kann der Fuß Bodenunebenheiten besser angepaßt werden.

Im gestreckten Zustand hingegen wird der Gelenkkopf fest auf die Menisken gepreßt ⓑ. In dieser Position ist nur die Beuge-, nicht aber die Drehbewegung möglich. Dadurch wird bei gestrecktem Bein eine besonders große Standfestigkeit erreicht.

4. Muskeln

Im Körper eines Menschen laufen ständig Bewegungsvorgänge ab, sei es, daß er läuft, spricht oder lacht, sei es, daß seine Verdauungsorgane arbeiten oder sein Herz schlägt. An all diesen Bewegungsvorgängen sind **Muskeln*** beteiligt. In ihnen wird die chemische Energie, die in den Nährstoffen (Kohlenhy-

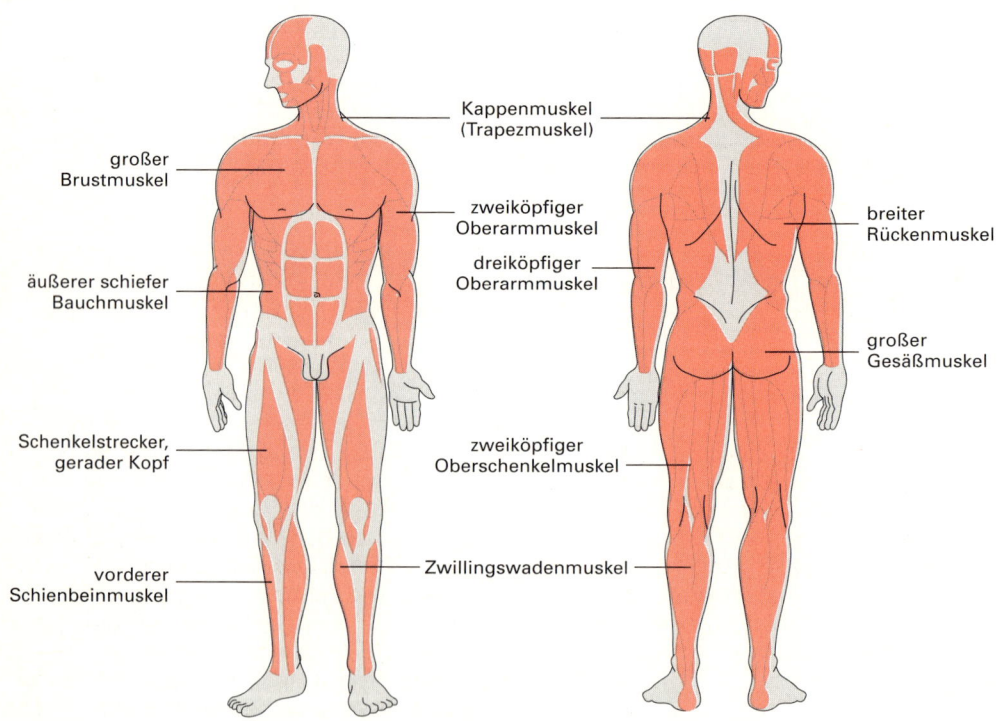

großer Brustmuskel

Kappenmuskel (Trapezmuskel)

zweiköpfiger Oberarmmuskel

breiter Rückenmuskel

äußerer schiefer Bauchmuskel

dreiköpfiger Oberarmmuskel

großer Gesäßmuskel

Schenkelstrecker, gerader Kopf

zweiköpfiger Oberschenkelmuskel

vorderer Schienbeinmuskel

Zwillingswadenmuskel

Abb. 53 Skelettmuskeln der Körperoberfläche

drate, Fette) steckt, in mechanische Energie umgewandelt.

Nach ihrem inneren Aufbau lassen sich verschiedene **Muskeltypen** unterscheiden:

– **Eingeweidemuskulatur**
– **Herzmuskulatur**
– **Skelettmuskulatur**

Die Eingeweidemuskulatur und die Herzmuskulatur arbeiten willensunabhängig und sind damit unserer direkten Steuerung entzogen. Die Skelettmuskulatur hingegen unterliegt unserer bewußten Kontrolle und erlaubt uns die zielgerichtete aktive Bewegung unseres Körpers. Ihre einzelnen Muskeln sind über den ganzen Körper verteilt *(vgl. Abb. 53).*

Wenn im Muskel chemische Energie in mechanische Energie umgesetzt wird, so zieht er sich zusammen, es kommt zur **Kontraktion***. Um zu verdeutlichen, wie das möglich ist, müssen wir seine „Innenarchitektur" genauer betrachten *(vgl. Abb. 54).*

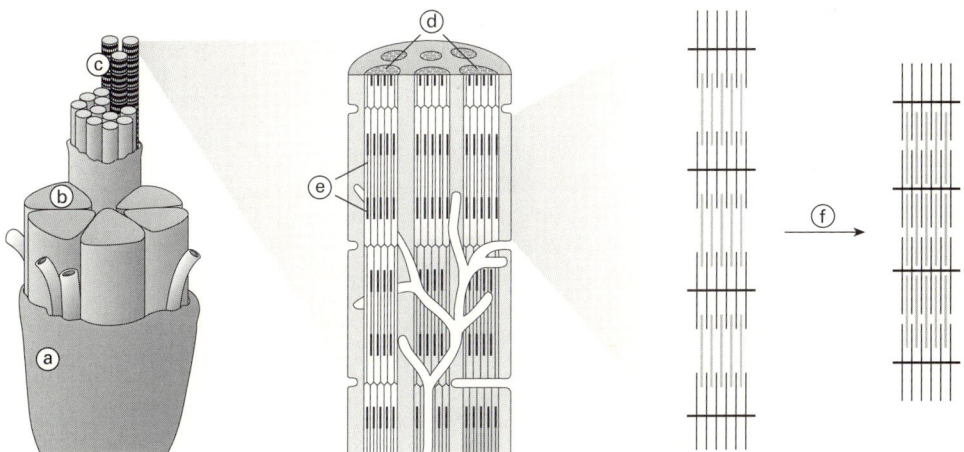

Abb. 54 Aufbau des Skelettmuskels

Äußerer Abschluß eines Skelettmuskels ist stets die **Muskelhaut** ⓐ. Im Inneren besteht er aus zahlreichen **Muskelfaserbündeln** ⓑ, die wiederum aus vielen einzelnen **Muskelfasern** ⓒ bestehen. Im elektronenmikroskopischen Bild zeigt sich, daß eine Skelettmuskelfaser ihrerseits wiederum aus noch kleineren faserartigen Strukturen, den sogenannten **Muskelfibrillen**, aufgebaut ist ⓓ. In ihrem Inneren befinden sich kettenförmige Eiweißmoleküle, **Actin** und **Myosin** ⓔ. Durch deren streng regelmäßige Anordnung erscheinen die Muskelfasern im Lichtmikroskop quergebändert. Skelettmuskeln werden deshalb auch als **quergestreifte Muskeln** bezeichnet. Wenn ein Nervenimpuls bei einer Muskelfaser ankommt, werden die Actin-Fäden zwischen die Myosin-Fäden gezogen ⓕ. Dadurch ergibt sich eine Verkürzung der Muskelfaser. Das Zusammenwirken vieler Muskelfasern führt zur Kontraktion des Muskels.

Versuch:

Besorge dir ein Gefäß, das etwa einen Liter Wasser aufnehmen kann, fülle es und halte es mit waagrecht ausgestrecktem Arm seitlich vom Körper weg. Ermittle, wie lange du diese Haltung durchhältst.

Bei diesem Versuch zeigt sich, daß man das Gefäß nicht sehr lange in der geforderten Weise hochheben kann. Wer zwei Minuten schafft, ist bereits rekordverdächtig.

Die quergestreifte Skelettmuskulatur arbeitet zwar rasch und mit großer Leistung, ermüdet dabei aber schnell. Im Gegensatz dazu arbeiten Eingeweidemuskeln, deren Muskelzellen einen anderen Feinbau aufweisen („glatte Muskulatur") langsam, aber sehr ausdauernd, was ihren Aufgaben z. B. im Magen oder im Darm angepaßt ist.

5. Zusammenspiel der Teile

Bereits einfache anatomische Studien (die man z. B. beim Verzehr eines Grillhähnchens anstellen kann) zeigen, daß **Skelettmuskeln** über **Sehnen** mit **Knochen** verbunden sind, auf die sich ihre Bewegung überträgt *(vgl. Abb. 55)*.

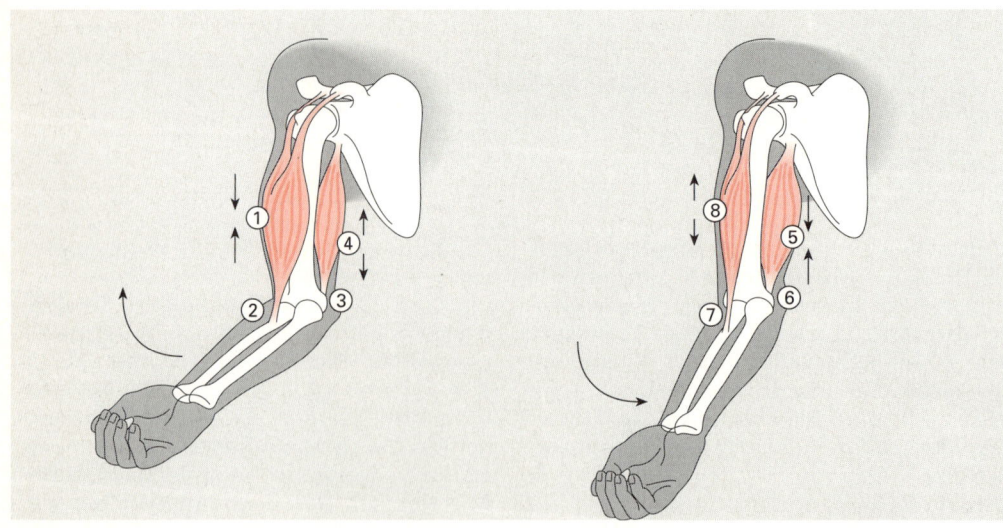

Abb. 55 Zusammenspiel zwischen Muskeln und Knochen am Beispiel des Oberarmes.

Bewegungsabläufe beginnen damit, daß sich ein Muskel zusammenzieht. Nach erfolgter Kontraktion kann er – wegen der besonderen Konstruktion der Muskelfibrillen – jedoch nicht aus eigener Kraft in die ausgestreckte Position zurückkehren. Diese Aufgabe kann z. B. von einem **„Gegenspieler"-Muskel** übernommen werden, der für die gegenläufige Bewegung sorgt.

Dieses Grundprinzip wollen wir am Beispiel der Oberarmmuskeln verdeutlichen *(vgl. Abb. 55)*.

Kontrahiert der **Armbeuger** (Bizeps) ①, so werden die Unterarmknochen über eine Sehne in Bewegung versetzt ②: der Arm wird angewinkelt. Dabei wird gleichzeitig über eine andere Sehne die Bewegung auf den **Armstrecker** übertragen ③. Dieser wird dabei passiv gedehnt ④.

Kontrahiert hingegen der Armstrecker (Trizeps) ⑤, so werden die Unterarmknochen ebenfalls über eine Sehne in Bewegung versetzt ⑥: der Arm wird gestreckt. Die Bewegung wird dabei wiederum gleichzeitig auf den Armbeuger übertragen ⑦. Dieser wird dabei passiv gedehnt ⑧.

Vor sportlicher Betätigung empfiehlt es sich, Muskeln, Sehnen und Gelenke durch eine Aufwärmgymnastik mit Dehnübungen auf ihr Zusammenspiel unter starker Belastung vorzubereiten. Das Verletzungsrisiko wird dadurch deutlich gesenkt.

Teste dein Wissen!

Aufgaben D1–D8:

D/1

Nenne die Funktionsabschnitte des menschlichen Skeletts.

D/2

Berechne, aus wie vielen Knochen das menschliche Skelett zusammengesetzt ist.

Als Ausgangspunkt deiner Überlegungen kann die Legende zu Abbildung 46 *(s. S. 79)* dienen, die hier noch um einige weitere Angaben ergänzt wird, die du zur Lösung der Aufgabe benötigst:

Der Schädel besteht aus 29 Knochen. Es gibt 28–32 Wirbelknochen. Jede Beckenhälfte setzt sich aus Darm-, Scham- und Sitzbein zusammen. Ein Armskelett besteht aus 30 oder 31 Knochen. Ein Beinskelett besteht aus 30 Knochen. (Daß teilweise keine festen Zahlen genannt werden, liegt daran, daß die Wirbelanzahl schwanken kann und daß gelegentlich ein zusätzlicher Handwurzelknochen auftritt.)

D/3 Aus welchen Materialien ist ein Knochen zusammengesetzt?

D/4 Fertige eine beschriftete Skizze vom Bau eines Gelenks an.

D/5 Nenne für jeden Gelenktyp, der Bewegungen um mindestens zwei Raumachsen erlaubt, ein Beispiel.

D/6 Nenne Unterschiede in der Funktion von Skelettmuskeln und Eingeweidemuskeln.

D/7 Setze den Begriff „Muskelfaser" mit den Begriffen „Muskelfaserbündel" und „Muskelfibrille" in Beziehung.

D/8 Überlege Möglichkeiten, wie ein kontrahierter Muskel auch dann wieder gedehnt werden kann, wenn der „Gegenspieler"-Muskel in Ruhe verharrt.

E. Nervensystem und Hormonsystem

ALKMAION VON KROTON*

DAS GEHIRN ALS SITZ DER SEELE

... Alle Sinneswahrnehmungen hängen in irgendeiner Weise mit dem Gehirn zusammen; daher leiden sie Schaden, wenn dieses erschüttert oder aus seiner Lage gebracht wird. Denn so werden die Poren mitbetroffen, mittels derer die Sinneswahrnehmungen geleitet werden.

Wir hören mit den Ohren, weil in ihnen ein Hohlraum besteht, der tönt – wir sprechen ja auch mittels eines Hohlraumes – die Luft bewirkt darin den Widerhall. Den Geruch empfinden wir durch die Nase zugleich mit der Einatmung, indem wir die Luft bis zum Hirn hinauf einziehen. Mit der Zunge unterscheiden wir die Geschmäcke, sie ist nämlich warm und weich, und durch ihre Wärme schmilzt sie die Geschmacksstoffe; infolge ihrer lockeren und zarten Natur nimmt sie sie dann auf und gibt sie so zum Gehirn weiter. Die Augen haben ihr Sehvermögen infolge des sie umgebenden Wassers. Es ist aber offenbar, daß das Auge Feuer enthält. Denn auf einen Schlag hin sprüht das Auge Funken. Es sieht aber mittels des Leuchtenden und Durchsichtigen, wenn es das Licht widerstrahlt; dies um so mehr, je reiner es ist.

Es gibt zwei schmale Wege, die vom Sitz des Gehirns aus – dort nämlich ist die höchste und ursprüngliche Kraft der Seele – zu den Höhlungen der Augen leiten, die ein natürliches Pneuma enthalten ...

HIPPOKRATES*

VON DER HEILIGEN KRANKHEIT

... Aus diesen Gründen bin ich der Ansicht, daß das Gehirn die größte Macht im Menschen hat. Denn dieses ist für uns der Deuter der Dinge, die die Luft ihm zuträgt, vorausgesetzt, daß es gesund ist. Denn die Denkfähigkeit verleiht ihm die Luft. Die Augen und Ohren, die Zunge und die Hände und Füße tun das, was das Gehirn erkennt. Denn es erhält der ganze Körper Anteil der Erkenntnis in dem Maße, wie er an der Luft teilhat. Für die Erkenntnis ist aber das Gehirn der Künder. Denn wenn der Mensch den Atem in sich einzieht, kommt dieser zuerst in das Gehirn, und so verbreitet sich die Luft in den übrigen Körper, nachdem sie in dem Gehirn ihre eigene Kraft zurückgelassen hat und alles, was immer Denkvermögen und Erkenntnisfähigkeit besitzt. ...

1. Nervensystem

1.1 Nachrichtenleitung

Als Leitungsbahnen für die schnelle Informationsübermittlung dienen Nerven, die alle Bereiche des Körpers durchziehen *(vgl. Abb. 56)*.

In seinem Inneren ist ein Nerv wie ein Kabelbündel aufgebaut *(vgl. Abb. 57)*.

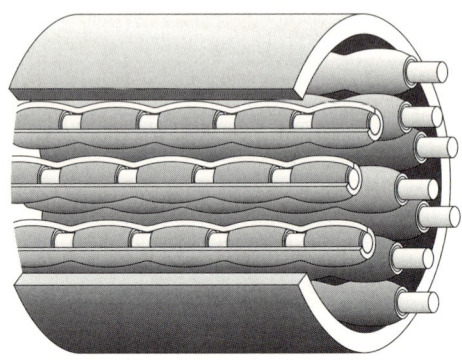

Abb. 57 Schnitt durch einen Nerv

Die in seinem Inneren längsverlaufenden Fasern sind die Ausläufer von Nervenzellen. Eine Nervenzelle, ein **Neuron***, ist immer nach dem gleichen Grundmuster aufgebaut *(vgl. Abb. 58)*.
Am **Zellkörper** ⓐ, der neben dem Zellkern auch die anderen für Zellen typische Organellen enthält *(vgl. ML 67 Cytologie)*, entspringen zahlreiche Fortsätze. Dabei unterscheidet man die meist zahlreichen und stark verästelten **Dendriten** ⓑ vom **Axon** ⓒ, einem einzelnen Fortsatz, der je nach Nervenzelltyp weniger als 1 mm bis über 1 m lang sein kann. An seinem Ende ist ein Axon in zahlreiche Endverzweigungen aufgefächert ⓓ. Die Pfeile in der Skizze sollen andeuten, daß Nervensignale wie in einer Einbahnstraße immer in einer Richtung laufen: im Axon z. B. nur vom Zellkörper weg bis in das Ende jeder Endverzweigung. Dort befindet sich

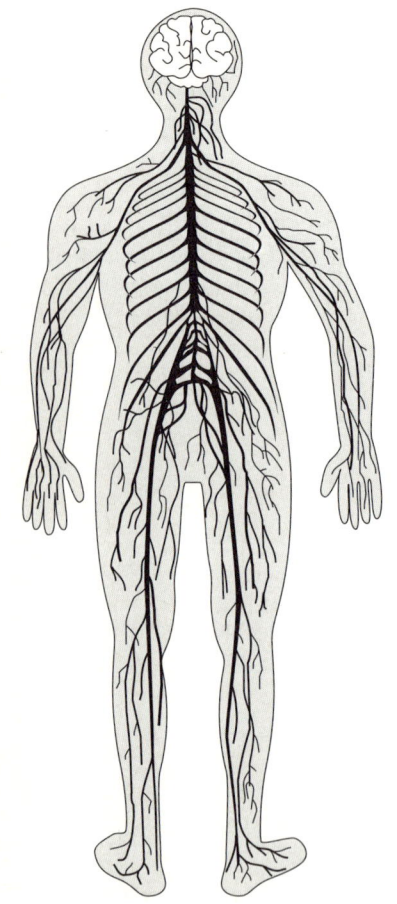

Abb. 56 „Nervenmann" – Übersicht über einen Teil der Nerven

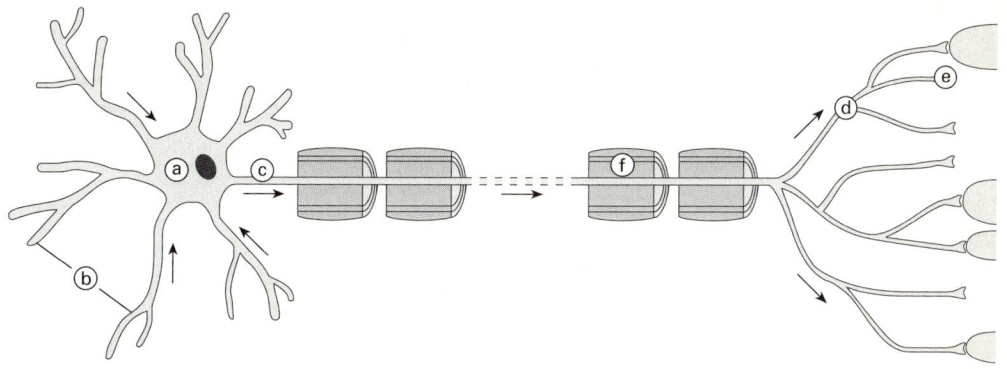

Abb. 58 Grundbauplan einer Nervenzelle

jeweils eine als **Synapse*** bezeichnete Kontaktstelle zu einer angrenzenden Zelle ⓔ.

Dem Axon aufgelagert sind sog. SCHWANN-Zellen. Diese bilden eine feste Hülle um den Nervenzellfortsatz ⓕ. Das Axon mitsamt dieser Hülle wird als **Nervenfaser** bezeichnet.

Die Nachrichtenleitung erfolgt in der Nervenfaser auf elektrischem Weg, die Nachrichtenweitergabe in einer Synapse an eine nachfolgende Zelle hingegen auf chemische Art *(vgl. Abb. 59)*.

① In der aktivierten Nervenfaser werden Ionen, also geladene Teilchen, verschoben.

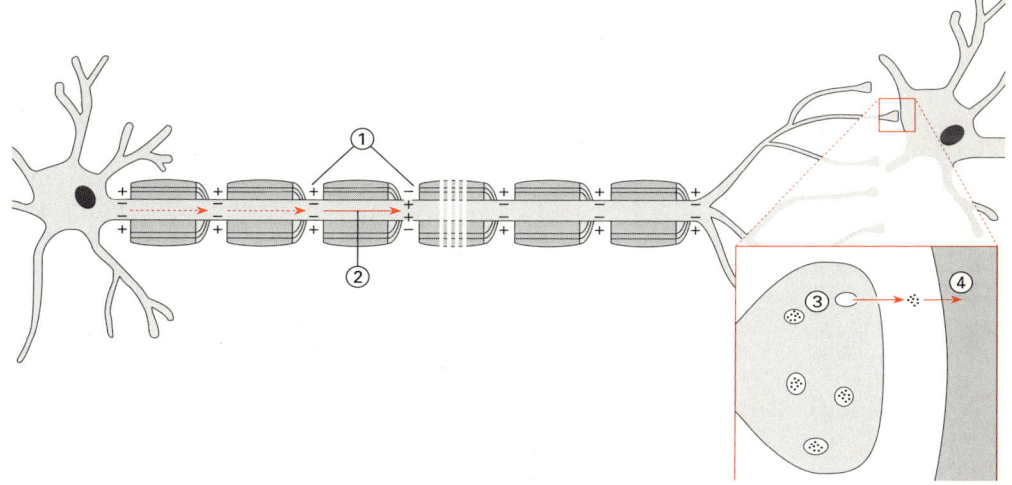

Abb. 59 Nachrichtenleitung in einer Nervenfaser und Nachrichtenweitergabe in einer Synapse

② Dabei wird ein elektrisches Signal, das wir Nervensignal nennen werden, entlang des Axons weitergeleitet.

③ Kommt ein Nervensignal in der Endverzweigung des Axons an, so wird eine chemische Substanz ausgeschüttet.

④ Diese wandert als Botenstoff zur Zellmembran der nächsten Zelle und übermittelt auf diese Weise das Signal.

1.2 Nachrichtenverarbeitung

Ein Blick auf den „Nervenmann" in Abbildung 56 macht deutlich, daß die zahlreichen, überall im Körper verteilten Nerven ein gemeinsames Ursprungsgebiet haben: einerseits das **Gehirn** im Kopfbereich und andererseits das **Rückenmark**, das innerhalb der Wirbelsäule verläuft. Beide zusammen werden auch als **ZNS** (**Z**entral**n**erven**s**ystem) bezeichnet.

1.2.1 Gehirn

Das Gehirn ist von den Schädelknochen gut geschützt und untergliedert sich in verschiedene Abschnitte *(vgl. Abb. 60a)*. Das **Großhirn** ist der größte Abschnitt des menschlichen Gehirns. Sein äußerer Teil wird **Großhirnrinde** genannt *(vgl. Abb. 60b)*. Das ist eine etwa 2–4 mm dicke Schicht, die stark zusammengefaltet ist und eine Gesamtfläche von ca. $\frac{1}{5}$ m^2 hat. Auf diese Weise kommen also die vielzitierten „Gehirnwindungen" zustande. Aufgebaut ist die Rinde aus den Zellkörpern von ca. 14 Milliarden Nervenzellen, die auch als Gehirnzellen be-

zeichnet werden. Sie sind durch ein dichtes Geflecht kurzer und reich verzweigter Nervenfasern miteinander verknüpft. Wegen der Anhäufung von Zellkörpern erscheint die Großhirnrinde grau. Wenn wir unsere „kleinen grauen Zellen" anstrengen, tun wir dies demnach genau hier. Nach innen schließen sich weiß erscheinende Schichten an. Sie enthalten die langen Fasern der Nervenzellen, die verschiedene Rindengebiete miteinander verknüpfen und auch die Verbindung zu anderen Gehirnabschnitten herstellen. Ein besonders dickes Faserbündel – der **Balken** – verbindet die beiden Großhirnhälften miteinander.

Bei Verletzungen und bei der Ausbildung von Geschwulsten kann es zur Beeinträchtigung der Funktion des Großhirns kommen. Durch genaue Untersuchungen solcher Störungen war es möglich, verschiedenen Rindengebieten unterschiedliche Aufgabenbereiche zuzuordnen *(vgl. Abb. 60c)*.

Die **Empfindungsfelder** dienen der Verarbeitung der Nachrichtensignale, die aus den Sinnesorganen einlaufen. So entsteht z.B. in der etwa scheckkartengroßen Sehrinde am Hinterkopf die Sinnesempfindung des Sehens. **Motorische Felder** dienen der Auslösung von bestimmten Bewegungen. Dabei steuern Zentren einer Gehirnhälfte jeweils Bewegungen der anderen Körperhälfte. Die Bewegung der rechten Hand wird also links im Gehirn gesteuert. **Assoziationsfelder** vergleichen einlaufende Daten mit gespeicherten Daten und spielen z. B. eine Rolle bei der Sprechfähigkeit und beim Gedächtnis.

Das **Kleinhirn** hat die Aufgabe, bei allen Bewegungen die verschiedenen Muskeln so aufeinander abzustimmen, daß das Körpergleichgewicht erhalten bleibt. Um diese Aufgabe bewältigen zu kön-

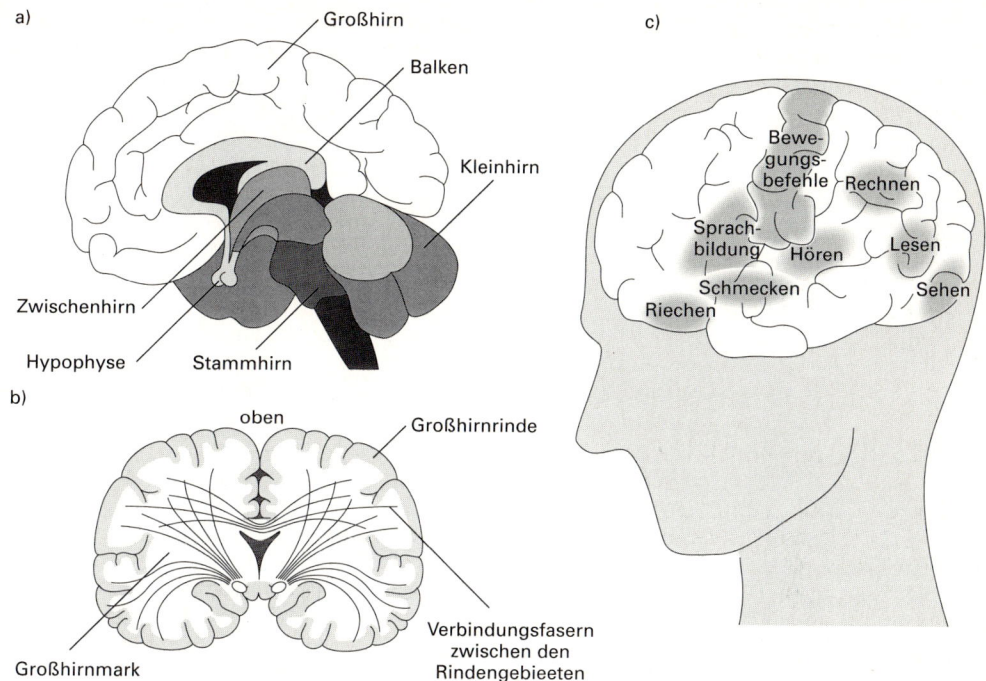

Abb. 60 a) *Längsschnitt durch das Gehirn*   b) *Querschnitt durch das Großhirn*
c) *Rindenfelder des Großhirns*

nen, steht es in Verbindung mit den motorischen Feldern der Großhirnrinde und über das Stammhirn auch mit dem Rückenmark. Außerdem empfängt es Informationen von der Sehrinde, den Lagesinnesorganen sowie von Gelenkstellungsrezeptoren.

Das **Zwischenhirn** enthält in seinen oberen Abschnitten Zentren, in denen unsere Gefühle, Freude und Schmerz, Liebe und Haß usw., entstehen. In seinen unteren Abschnitten **(Hypothalamus)** steuert es Stoffwechselvorgänge, den Schlaf-Wach-Rhythmus und reguliert die Körpertemperatur und den Wasserhaushalt. Direkt unterhalb des Zwischenhirns befindet sich die Hirnanhangsdrüse **(Hy-**

pophyse). Sie ist die oberste Steuerzentrale für das Hormonsystem *(vgl. Kap. E.2).*

Das **Stammhirn** stellt die Verbindung des Gehirns zum Rückenmark her, ist zuständig für die richtige Spannung der Muskulatur und die Regelung des aufrechten Ganges.

1.2.2 Rückenmark

Das Rückenmark entspringt dem Gehirn und verläuft innerhalb der Wirbelsäule bis in den Bereich der Lendenwirbel *(vgl. Abb. 61a)*. Es wird durch Fortsätze der Wirbelkörper umfaßt *(vgl. Abb. 61b)*. Das

a)

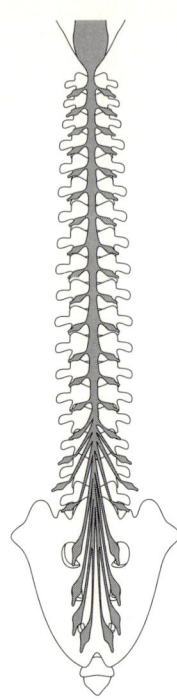

b)

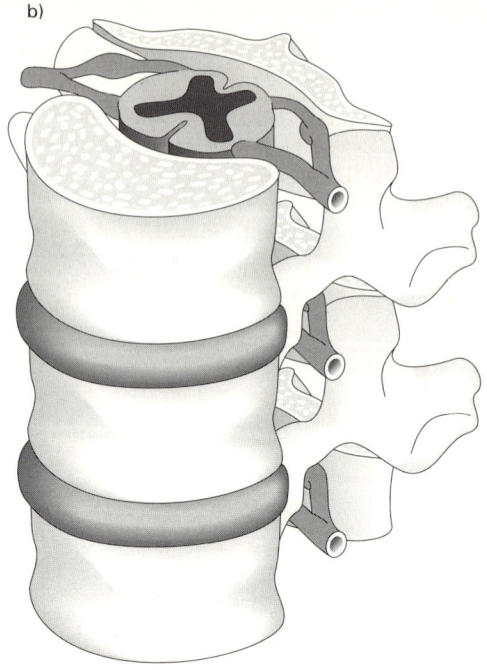

Abb. 61 Lage des Rückenmarks im Wirbelkanal

a) gesamter Verlauf
b) Schutz durch die Wirbelknochen

Rückenmark liegt dadurch gut geschützt im Wirbelkanal.

Weitere wichtige Informationen liefert uns die Betrachtung eines Rückenmarksquerschnittes.

Wir können dabei zwei verschiedenfarbene Rückenmarksbereiche unterscheiden *(vgl. Abb. 62)*. Die sogenannte **weiße Substanz** ⓐ (sie besteht aus Nervenfasern) umschließt die – allgemein als schmetterlingsförmig beschriebene – **graue Substanz** ⓑ, die eine Ansammlung von Nervenzellkörpern darstellt. Die Flügel „des Schmetterlings" werden als Hörner bezeichnet und in **Vorderhorn** ⓑ₁ und **Hinterhorn** ⓑ₂ unterschieden. Seitlich zweigen Nerven ab, wobei man

zwischen den **vorderen Wurzeln** ⓒ und den **hinteren Wurzeln** ⓓ des Rückenmarks unterscheidet. In den Hinterwurzeln liegen Ansammlungen von Nervenzellkörpern – die **Spinalganglien** ⓔ.

Im Rückenmark verlaufen zahlreiche Nervenfasern. Es gehört zu seinen Aufgaben, Nervenimpulse vom Gehirn in die verschiedenen Körperregionen und aus allen Bereichen des Körpers wieder zurück zu leiten. Darüber hinaus übt es aber auch eine eigenständige Steuerungsfunktion aus.

Wir wollen dies am Beispiel des **Kniesehnenreflexes** verdeutlichen, den wir auch praktisch durchführen können.

Rückenseite

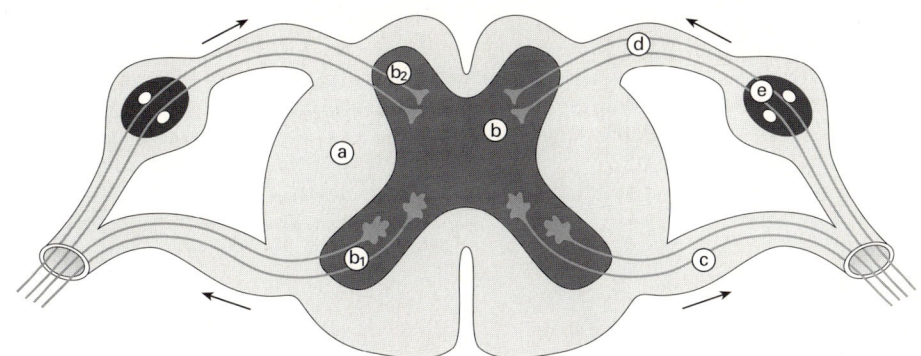

*Abb. 62 Schematischer Querschnitt durch das Rückenmark mit austretenden
Rückenmarksnerven*

Versuch:

Eine Versuchsperson soll sich entspannt auf eine Tischkante setzen und die Beine übereinanderschlagen. Dann
schlägt man mit einem medizinischen Hammer oder
auch mit der Handkante (bitte nicht zu wuchtig!) auf die
Kniesehne des oben liegenden Beins. Dabei kommt es
darauf an, die richtige Stelle unterhalb der Kniescheibe
zu treffen *(vgl. Abb. 63).*
Trifft der Schlag exakt, so schwingt der Unterschenkel
unwillkürlich infolge einer Kontraktion des Beinstrecker-
muskels nach vorne.

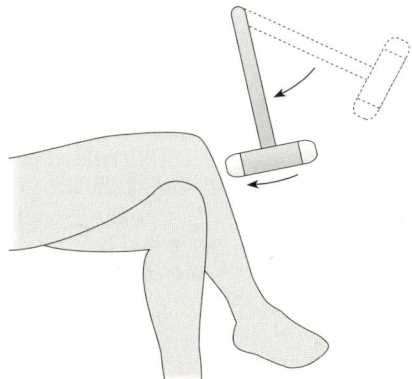

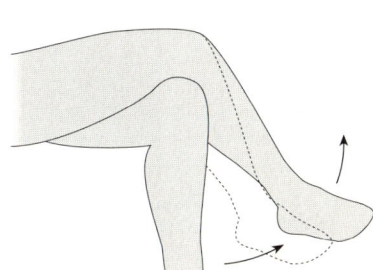

Abb. 63 Auslösung des Kniesehnenreflexes

Die dabei im Körper ablaufenden Vorgänge wollen wir anhand einer Abbildung erläutern *(vgl. Abb. 64)*.

① Durch einen Schlag auf die Kniesehne wird der Oberschenkelmuskel (Beinstrecker) ruckartig bewegt.

② Im Muskel eingebaute Sinneszellen (Dehnungsrezeptoren) senden daraufhin Nervensignale in Richtung Rückenmark.

③ Im Rückenmark wird die einlaufende Erregung direkt auf Nervenzellen umgeschaltet, die zurück in den Muskel laufen.

④ Diese Nervenzellen senden nun ihrerseits Nervensignale in Richtung Muskel.

⑤ Die Muskelfasern ziehen sich daraufhin zusammen, der ganze Muskel wird kontrahiert; der Unterschenkel schwingt nach vorne.

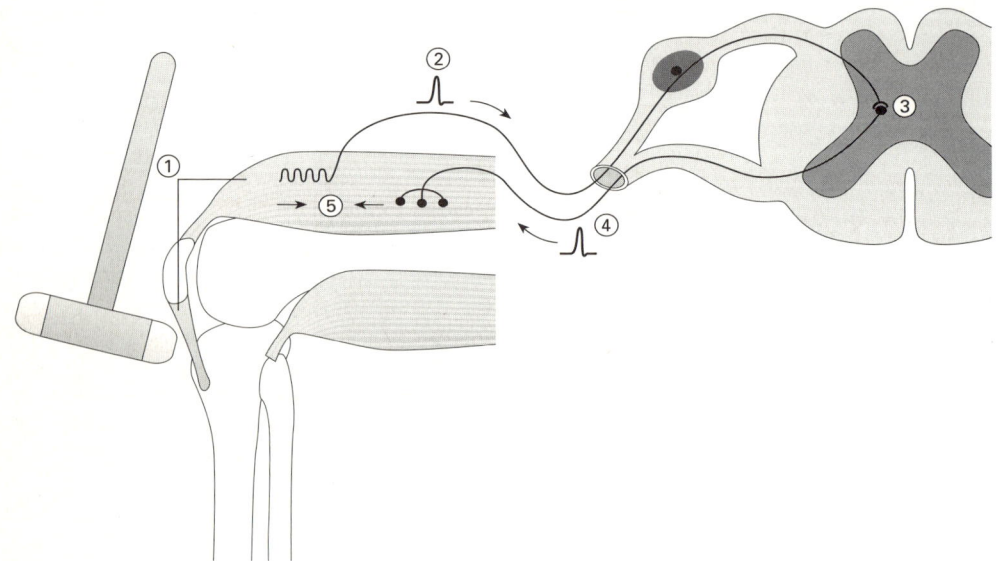

Abb. 64 Rolle des Rückenmarks beim Kniesehnenreflex

Dieser Ablauf erweist sich für uns z. B. dann als vorteilhaft, wenn wir unvermittelt ein schweres Gewicht in die Hand gedrückt bekommen oder z. B. nach einem Sprung wieder auf dem Boden landen. Wir gehen dabei nur leicht in die Knie, sinken aber nicht vollends zu Boden, denn der Beinstrecker wird reflektorisch (also quasi vollautomatisch, ohne unser willentliches Zutun) verkürzt. Auch beim **Stolpern** schützt uns der Reflex vor dem Hinfallen.

Auch die Schutzreflexe der Gliedmaßen auf schmerzhafte Berührungen hin laufen über das Rückenmark. Beim Griff auf die heiße Herdplatte etwa ziehen wir unsere Hand schon zurück, ehe unser Gehirn den Schmerz registriert.

Einige weitere Reflexe, die du selbst ausprobieren kannst, sind in Tabelle 9 aufgeführt.

Reflex	Auslösung	Ergebnis
Achillessehnenreflex	Schlag auf Achillessehne	Beugung des Fußes
Wartenbergscher Reflex	Finger einhakeln und ziehen	Beugen des Daumens
Kremaster-Reflex	Bestreichen der Haut, innen am Oberschenkel	Hochsteigen des Hodens
Greifreflex bei Säuglingen	Bestreichen der Handinnenfläche	Fingerbeugen bis zum Festhalten

Tab. 9 Einige Reflexe

Aufgabe:

Bei Verkehrsunfällen kann es immer wieder zu Durchtrennungen des Rückenmarks kommen. Folge davon sind Querschnittslähmungen. Vom Gehirn gesteuerte Bewegungen in Körperabschnitten, die von Rückenmarksnerven unterhalb der Durchtrennungsstelle versorgt werden, können zeitlebens nicht mehr ausgeführt werden. Hingegen kehren Muskelreflexe nach einiger Zeit wieder. Gib eine Erklärung für diesen Unterschied.

1.3 Vegetatives Nervensystem

Wenn wir uns einen Hamburger mit Pommes gönnen, dann steuern wir die Bewegungen der Armmuskeln ganz bewußt so, daß die Mahlzeit auch zielgerichtet im Mund landet. Auch die anschließenden Kaubewegungen können wir willkürlich durchführen. Ist das Essen aber erst einmal verschluckt, so haben wir keinen bewußten Zugriff mehr auf das weitere Geschehen. Dennoch sind in den nächsten Stunden Eingeweidemuskeln und Verdauungsdrüsen in sinnvoll aufeinander abgestimmter Weise tätig und die Nahrung wird verarbeitet. Die notwendige Steuerung erfolgt durch Teile des Nervensystems, die als **vegetatives Nervensystem** bezeichnet werden. Dieses weist Steuerungszentren im Gehirn und im Rückenmark auf. Von dort aus ziehen Nerven zu den inneren Organen und zu den Pupillenmuskeln des Auges *(vgl. Abb. 65)*.

Man kann zwei unterschiedliche Teile des vegetativen Nervensystems unterscheiden: **Sympathicus** und **Parasympathicus** genannt. Die Besonderheit dabei ist, daß beide Systeme auf gegensätzliche Weise auf ein Organ einwirken. Man sagt auch, sie wirken als **Gegenspieler** (Antagonisten*). Wenn der Sympathicus auf ein bestimmtes Organ aktivierend wirkt, so wirkt der Parasympathicus hemmend und umgekehrt *(vgl. Abb. 66)*.

Sympathicus		Parasympathicus
Erweiterung	Pupillen	Verengung
⊖	Sekretion der Speicheldrüsen	⊕
⊕	Durchblutung der Skelettmuskeln	⊖
⊕	Atemfrequenz der Lunge	⊖
⊕	Schlagfrequenz des Herzens	⊖
⊖	Durchblutung und Beweglichkeit des Magens	⊕
⊖	Sekretion der Verdauungsdrüsen	⊕
⊖	Durchblutung und Beweglichkeit des Darms	⊕
Erschlaffung	Blase	Kontraktion
⊕	Sekretion der Schweißdrüsen	⊕

⊕ fördernde Wirkung
⊖ hemmende Wirkung

Abb. 66 Wirkung des Sympathicus und Parasympathicus als Gegenspieler

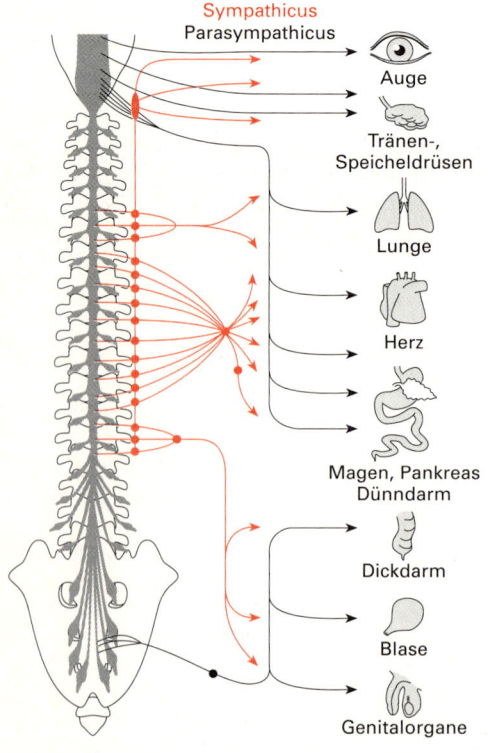

Abb. 65 Vegetatives Nervensystem

E/2

Aufgabe:

Liste alle Organfunktionen auf, die
a) vom Sympathicus gefördert werden,
b) vom Parasympathicus gefördert werden.

Werten wir Abb. 66 aus, so erkennen wir, wie die beiden Anteile des vegetativen Nervensystems jeweils wirken *(vgl. auch Aufgabe E/2).*
Der Sympathicus fördert alle Organe, deren Tätigkeit bei großer körperlicher Aktivität notwendig ist. Gleichzeitig hemmt er dabei alle Organe, deren Aktivität der erforderlichen Höchstleistung des Körpers im Wege stünden. Dies ist z. B. sinnvoll in Alarmsituationen *(vgl. Kap. H: Streß).* Fliehen wir etwa vor einem bissigen Hund auf einen Baum, so ist es sicherlich wichtig, daß die Leistung von Herz, Lunge und Skelettmuskeln gesteigert wird. Hingegen werden beispielsweise die Verdauungsfunktionen – die ja nichts zur Bewältigung der Gefahrensituation beitragen können – gedrosselt.
Der Parasympathicus fördert – in Ruhesituationen – alle Organfunktionen, die der Erhaltung und Erholung des Körpers dienen und drosselt die „Alarmfunktionen".

!
Das vegetative Nervensystem reguliert die Funktionen der inneren Organe und stimmt ihre Leistungen aufeinander ab.

E/3

Aufgabe:

Versuche die folgenden Aussagen mit den erworbenen Kenntnissen der Wirkungsweise des vegetativen Nervensystems auf ihren Wahrheitsgehalt hin zu überprüfen:
a) Die mit vollem Magen baden, wagen sich in großen Schaden.
b) Nach dem Essen sollst du ruhen oder 1000 Schritte tun.

2. Hormonsystem

Im klassischen Altertum waren Ärzte und Philosophen der Ansicht, daß das geordnete Zusammenspiel der Organe auf dem Zusammenwirken von vier Körpersäften beruhen würde. Diese sollten sein: das Blut (sanguis), der Schleim (phlegma), die Galle (chole) und die schwarze Galle (melan-chole).

Man war damals der Ansicht, daß das Vorherrschen einer der Flüssigkeiten jeweils die Ursache für das Auftreten eines der vier Temperamente sein sollte *(vgl. Kasten)*.
Die antike Temperamentenlehre unterschied zwischen folgenden Persönlichkeitstypen:

Der **Sanguiniker** wurde als heiterer, lebhafter, unternehmungslustiger und unbeständiger Mensch beschrieben.

Der **Phlegmatiker** galt als träger, schwerfälliger und gleichgültiger Mensch.

Als **Choleriker** wurde ein jähzorniger, zu starken Gefühlsausbrüchen neigender Mensch bezeichnet.

Der **Melancholiker** wurde charakterisiert als Mensch gedrückter Stimmung, meist verbunden mit einer Neigung zum Grübeln.

Krankheiten wurden mit einer falschen Mischung der vier Säfte erklärt. Dementsprechend behandelte man in ihrem Wohlbefinden gestörte Patienten häufig mit Aderlässen („Ablassen" von Blut) und mit Klistieren (Einbringen kleiner Flüssigkeitsmengen durch den After in den Dickdarm). Die beschriebene klassische Anschauung wurde zu Beginn der Neuzeit verworfen.
Am Ende des 19. Jahrhunderts erkannte man, daß viele Lebensvorgänge tatsächlich durch besondere im Blut beförderte Stoffe gesteuert werden. Diese wurden als **Hormone*** bezeichnet.

!

Hormone sind chemische Botenstoffe, die von bestimmten Drüsen oder Geweben gebildet und an das Blut abgegeben werden. Mit dem Blutstrom gelangen die Hormone zu den Zielorganen, an denen sie ganz bestimmte Wirkungen entfalten.

Hormone werden in **endokrinen* Drüsen** gebildet. Das sind Drüsen, die ihre Produkte direkt aus ihren Zellen in die Blutbahn abgeben. Andere Drüsen, wie z. B. die Schweißdrüsen oder Brustdrüsen, scheiden ihre Produkte hingegen durch Ausführungsgänge nach außen ab (**exokrine* Drüsen**).

Eine Übersicht über die wichtigsten Hormondrüsen gibt Abb. 67.

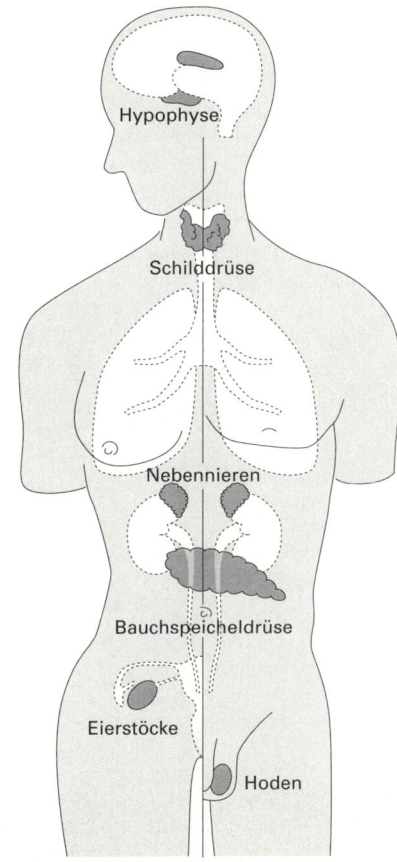

Abb. 67 *Übersicht über die wichtigsten Hormondrüsen*

Die **Hypophyse** (Hirnanhangsdrüse) liegt direkt unterhalb des Zwischenhirns. Sie wird als übergeordnete Hormondrüse bezeichnet, denn sie kontrolliert mit einem Teil ihrer Hormone die Tätigkeit anderer Hormondrüsen, wie z. B. der Schilddrüse, der Nebennieren und der Keimdrüsen. Dabei steht sie allerdings selbst noch unter der Kontrolle des **Hypothalamus**, eines über ihr liegenden Zwischenhirnabschnittes.

Im Bereich des Halses liegt an der Luftröhre die **Schilddrüse**. Das wichtigste von ihr stammende Hormon ist das **Thyroxin**, das den **Grundumsatz** des Körpers regelt, d. h. es steigert in allen Körperzellen die Verbrennungsrate der Nährstoffteilchen. *(Zum Thema Grundumsatz vgl. Kap. A.2.3.)* Eine zu hohe Thyroxinproduktion hat meist starken Gewichtsverlust, gesteigerte Erregbarkeit und Nervosität zur Folge. Eine zu niedrige Thyroxinproduktion führt häufig zu Übergewicht. Thyroxinmangel in der frühen Kindheit hat dramatische Folgen. Die betroffenen Menschen zeigen Zwergenwuchs und sind geistig stark behindert.

Die **Nebennieren** produzieren verschiedene Hormone, die u.a. wichtig sind für die Energieversorgung und die Regelung des Salzgehalts des Körpers. Eines der Hormone, das **Adrenalin**, stellt die Organe des Körpers auf Belastungssituationen ein. Die Wirkung ist dabei ganz ähnlich wie die, die durch den Sympathicus erreicht wird *(vgl. S. 100f und Kap. H)*.

Die **Bauchspeicheldrüse** spielt mit den beiden Hormonen **Insulin** und **Glucagon** die entscheidende Rolle bei der Einstellung des Blutzuckerspiegels. Genaueres darüber erfährst du gleich anschließend in Kapitel E.3.

Die **Keimdrüsen (Gonaden)** stellen die Geschlechtshormone her. Die **Hoden** stellen das **Testosteron** her, das für die Ausbildung männlicher Geschlechtsmerkmale sorgt. Die **Eierstöcke (Ovarien)** produzieren **Östrogene**, die für die Ausbildung der weiblichen Geschlechtsmerkmale und die Regulation des Menstruationszyklus verantwortlich sind. Genaueres dazu kannst du in Kapitel G (Sexualität) nachlesen.

3. Biologische Regelung

Die Organe können ihre Aufgaben nur dann richtig erfüllen, wenn für sie im Körper die richtigen Rahmenbedingungen bestehen. So müssen z. B. die Körpertemperatur, der Blutdruck und der Blutzuckerspiegel bestimmte Werte aufweisen. Verschieben sich diese aufgrund äußerer Einflüsse, so laufen im Körper Regelungsvorgänge ab, die dafür sorgen, daß die richtige Grundeinstellung erhalten bleibt. Diese Regelung erfolgt entweder über das Nervensystem oder über das Hormonsystem.

3.1 Regelung über das Nervensystem

Das Auge besitzt mit der Pupille eine Einrichtung zur Steuerung des Lichteinfalls ins Auge *(vgl. Abb. 68)*. Das ist wichtig, da die Netzhaut im Auge nur bei korrekter Belichtung richtig arbeiten kann – ähnlich wie ein Film nur dann einwandfreie Bilder liefert, wenn er beim Fotografieren die richtige Lichtmenge abbekommt.

ⓐ Bei schwacher Lichteinstrahlung ist die Pupillenöffnung groß. Es kann relativ viel Licht ins Augeninnere eintreten.

ⓑ Bei starkerer Lichteinstrahlung wird die Pupillenöffnung verengt. Es kann nur relativ wenig Licht ins Augeninnere eintreten.

Eine ausführlichere Darstellung dieses Phänomens und einen passenden Versuch kannst du in Kap. F.2.2.2 finden.

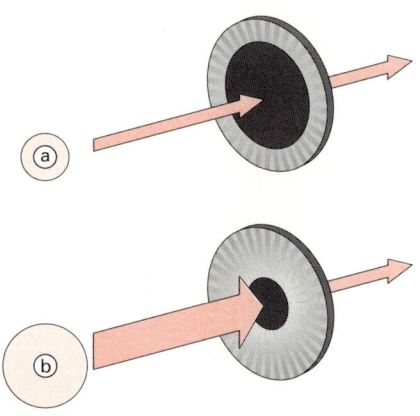

Abb. 68 Lichteinfall und Pupillenweite

Eine Beziehung wie die eben beschriebene läßt sich durch folgendes **Pfeildiagramm** wiedergeben:

$$\text{Lichteinstrahlung ins Auge} \xrightarrow{\ \oplus\ } \text{Pupillenverengung}$$

Das $\oplus$-Symbol steht für eine **gleichsinnige Beziehung** und kann übersetzt werden mit:
- **je größer** *die Lichteinstrahlung ins Auge*, **um so größer (stärker)** *ist die Pupillenverengung*, oder
- **je kleiner** *die Lichteinstrahlung ins Auge*, **umso kleiner (geringer)** *ist die Pupillenverengung*.

Die Pupillenverengung wirkt auf den Lichteinfall zurück:

$$\text{Lichteinstrahlung ins Auge} \xleftarrow{\ \ominus\ } \text{Pupillenverengung}$$

Das $\ominus$-Symbol steht für eine **gegensinnige Beziehung** und kann übersetzt werden mit:
- **je größer (stärker)** *die Pupillenverengung*, **um so kleiner** *ist die Lichteinstrahlung ins Auge*, oder
- **je kleiner (geringer)** *die Pupillenverengung*, **um so größer** *ist die Lichteinstrahlung ins Auge*.

Man kann beide Beziehungen zu einem **Regelkreis** zusammenfassen:

Lichteinstrahlung ins Auge 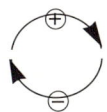 *Pupillenverengung*

Aufgabe:

Fasse die Aussage des oben abgebildeten Regelkreisschemas in Worte.

Der Regelkreis ist also so konstruiert, daß eine Veränderung der Lichtstrahlung ins Auge durch eine Gegenaktion (zumindest teilweise) wieder aufgehoben wird.

Diese Eigenschaft gilt für die meisten biologischen Regelungsvorgänge *(vgl. auch ML 65 und ML 69)*.

> **!** Biologische Regelkreise sorgen dafür, daß jede Abweichung Vorgänge zur Folge hat, die in die Gegenrichtung wirken.

3.2 Regelung über das Hormonsystem

Der Blutzuckerspiegel wird beim gesunden Menschen auf einem konstanten Niveau von etwa 100 mg Traubenzucker (Glucose) pro 100 ml Blut gehalten. Das ist wichtig, denn bei zuwenig Zucker werden die Organe, insbesondere das Gehirn, nicht ausreichend mit Nährstoffen versorgt. Zuviel Zucker im Blut führt zur Verstopfung der Blutgefäße, v. a. der Kapillaren.

Wie bereits erwähnt, spielen bei der Regelung des Blutzuckerspiegels die beiden Bauchspeicheldrüsenhormone **Insulin** und **Glucagon** die entscheidende Rolle. Ihre Wirkung werden wir in stark vereinfachter Form darstellen *(vgl. Abb. 69)*.

ⓐ Kohlenhydratzufuhr mit der Nahrung läßt den Blutzuckerspiegel ansteigen.

ⓑ Die Entnahme von Traubenzucker für den Stoffwechsel läßt ihn hingegen sinken.

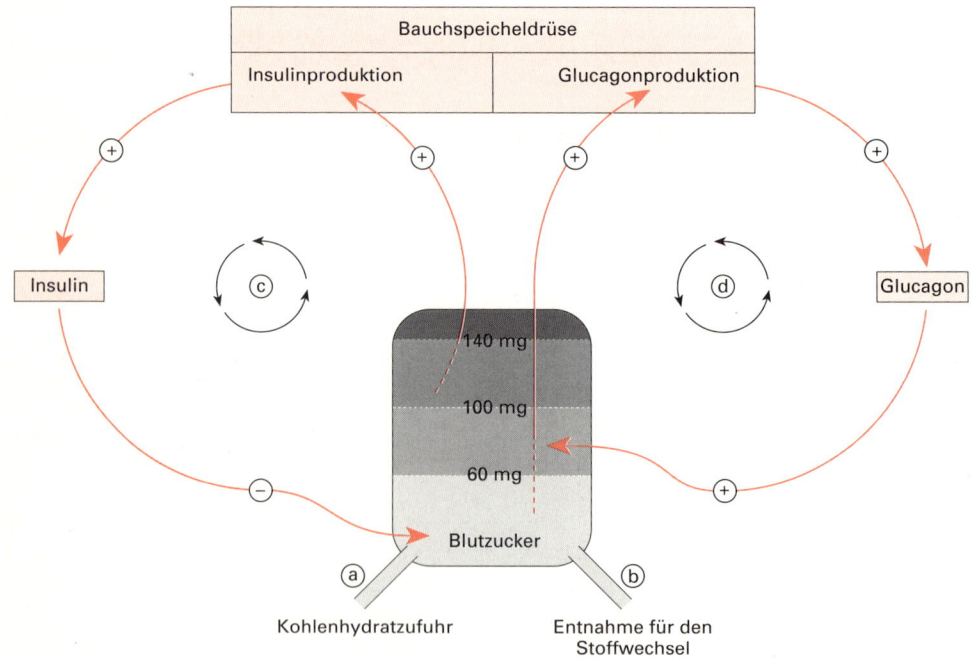

Abb. 69 Regelung des Blutzuckerspiegels

ⓒ Erreicht der Blutzuckerspiegel zu hohe Werte, so wird die Produktion und Ausschüttung von Insulin gefördert. Es bewirkt dann die Umwandlung von Traubenzucker in Glykogen, das gespeichert werden kann *(vgl. Kap. A.5.4)*. Der Blutzuckerspiegel wird dadurch gesenkt.

ⓓ Sinkt der Blutzuckerspiegel auf zu niedrige Werte ab, so wird die Produktion und Ausschüttung von Glucagon gefördert. Dieses bewirkt die Freisetzung von Traubenzucker aus Glycogen. Dadurch steigt der Blutzuckerspiegel an.

Aufgabe:

Berechne die Menge an Traubenzucker, die sich in der gesamten Blutmenge eines 80 kg schweren Mannes befindet. Ziehe für die Beantwortung der Frage auch Kapitel B.2.1 zu Rate.

Vielleicht staunst du über die geringe Menge, die du in Aufgabe E/5 herausbekommen hast. Es ist aber in unserem Körper ganz allgemein so, daß hinter großen Auswirkungen oft nur sehr kleine stoffliche Veränderungen stecken.

Teste dein Wissen!

Aufgabe E6–E10:

Was haben Dendriten und Axon gemeinsam, was unterscheidet sie?

Zähle die Gehirnabschnitte auf und bezeichne den Teil, der für die Regelung der Körpertemperatur zuständig ist.

Welche Anteile von Nervenzellen befinden sich in der weißen und in der grauen Substanz des Rückenmarks? Welcher Teil hat demnach die Aufgabe, Nervenimpulse vom Gehirn in die verschiedenen Körperregionen oder in umgekehrter Richtung zu leiten?

Warum bezeichnet man Sympathicus und Parasympathicus als Gegenspieler (Antagonisten)?

Nenne die Hormondrüsen, in denen Thyroxin, Adrenalin und Insulin gebildet werden.

F. Sinne

Dieser Text ist in Blindenschrift gedruckt. Er gibt die Aufzählung der Sinne wieder, die du auf der nächsten Seite in Normalschrift finden kannst. Leider war es aus technischen Gründen nicht möglich, die einzelnen Punkte dem Papier einzuprägen, denn dann könnte ein Blinder diese Seite durch Abtasten mit den Fingerspitzen selbständig lesen.

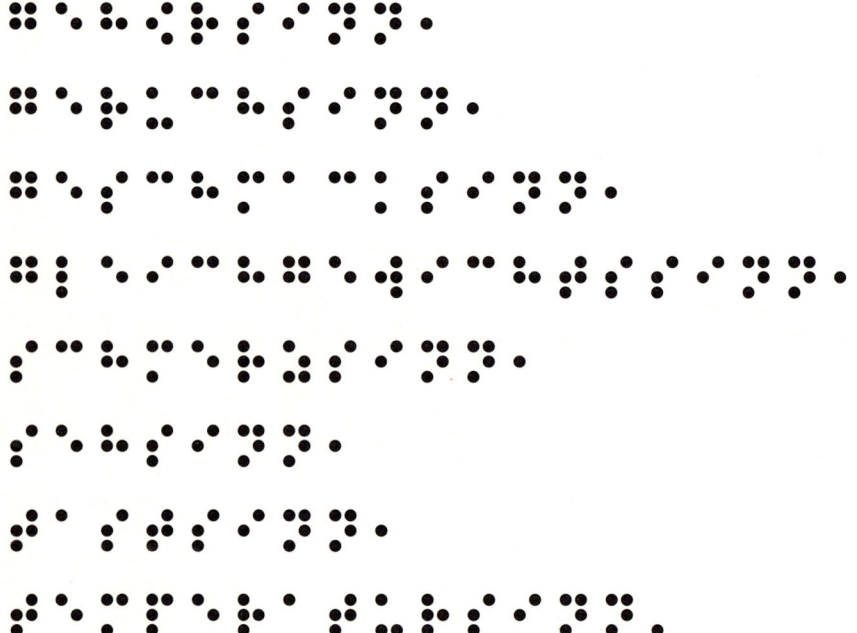

1. Sinnesorgane und adäquate Reize

Wenn man eine Umfrage über die Sinnesleistungen durchführt, zu denen ein Mensch fähig ist, so bekommt man oft zu hören, ein Mensch könne sehen, hören, fühlen, schmecken und riechen. Damit sind dann auch schon die fünf Sinne vermeintlich abgedeckt, die man sprichwörtlich „richtig beieinander haben" soll. Wie ungenau diese Auflistung ist, zeigt sich jedoch, wenn wir uns z. B. fragen, was wir alles fühlen können. Und da zeigt sich, daß wir Druck auf unserer Haut ebenso wahrnehmen wie wir Temperatur oder Schmerz empfinden können. Die Aufzählung der Sinnesleistungen muß also noch erweitert werden. Bezogen auf den Menschen können wir die folgenden Sinne nennen:

**Gehörsinn,
Geruchssinn,
Geschmackssinn,
Gleichgewichtssinn,
Schmerzsinn,**

**Sehsinn,
Tastsinn,
Temperatursinn.**

Die anatomische Grundlage der genannten – immerhin schon acht – Sinne finden wir in den Sinnesorganen. Diese Körperteile sind so konstruiert, daß sie mit den in ihnen enthaltenen Sinneszellen Reize aufnehmen können. Betrachtet man nun die verschiedenen Sinneszellen hinsichtlich der Reize, die sie verarbeiten können, so dreht sich das Zahlenspiel wieder um, und man erhält nicht etwa acht, sondern nur vier verschiedene **Rezeptortypen**:

**Chemorezeptoren,
Mechanorezeptoren,
Photorezeptoren,
Thermorezeptoren.**

Eine Übersicht, die die gängigen Sinne und Rezeptortypen einander zuordnet, zeigt Tabelle 10.

Rezeptortypen	Beispiele für auslösende Reize	Sinne
Chemorezeptoren	gasförmige chemische Stoffe gelöste chemische Stoffe	Geruchssinn Geschmackssinn
Mechanorezeptoren	Töne bestimmter Frequenz Schwerkraft Drücke Drücke	Gehörsinn Gleichgewichtssinn Schmerzsinn Tastsinn
Photorezeptoren	Licht einer bestimmten Wellenlänge	Sehsinn
Thermorezeptoren	Wärmeunterschied	Temperatursinn

Tab. 10 Sinne und Rezeptortypen

Auf alle Sinneszellen strömt eine Menge verschiedener Reize ein *(vgl. Abb. 70)*. Sinneszellen wirken dabei wie Filter ①: sie sprechen auf die meisten Reize gar nicht an, weil diese für die Sinneszellen unpassend sind. Nur ein Teil der Reize – man nennt sie die **adäquaten* Reize** – werden von den Sinneszellen registriert ②, in die interne Sprache des Nervensystems (Nervensignale, eine Art von elektrischen Impulsen) übersetzt ③ und an Gehirn oder Rückenmark weitergeleitet ④.

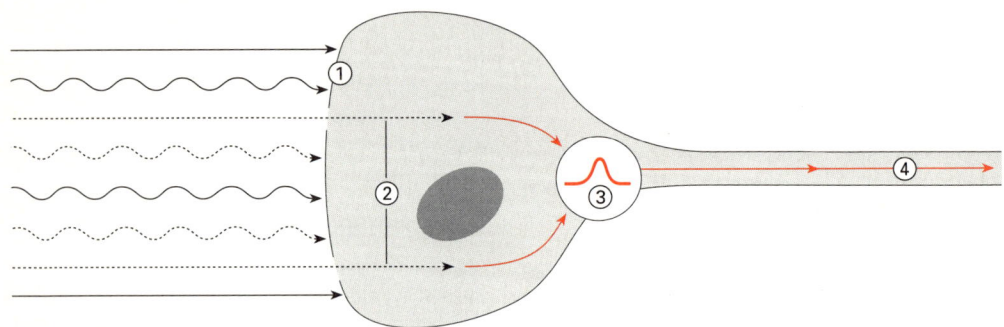

Abb. 70 Reize und Rezeptoren

Grenzen menschlicher Wahrnehmung

Reize, die von keinem der menschlichen Sinnesorgane erfaßt werden können, übersteigen die Grenzen menschlicher Wahrnehmung.

Viele Tiere können mit ihren Sinnesorganen Leistungen erreichen, die weit über das hinausreichen, wozu der Mensch in der Lage ist.

So ist allseits bekannt, daß z. B. Hunde besser riechen können. Wahre Geruchskünstler sind aber manche Schmetterlinge. So vermag ein Seidenspinnermännchen ein Weibchen derselben Art kilometerweit zu riechen.

Manche Tiere können auch Reize registrieren, die für uns ohne technische Hilfsmittel nicht erfaßbar sind: So können sich Zugvögel u. a. auch nach dem **Magnetfeld** der Erde orientieren, verfügen also gewissermaßen über einen „eingebauten Kompaß". Haie sind mit **Elektrorezeptoren** ausgerüstet, mit denen sie die elektrischen Impulse von Beutetieren orten können. Ameisen und Bienen nehmen mit ihren Komplexaugen **UV-Licht** wahr und sehen dadurch Blumen ganz anders als wir. Fledermäuse können **Ultraschall**-Laute wahrnehmen und sich damit auch in stockfinsterer Nacht durch Echo-Ortung orientieren.

Wir können in diesem Buch nicht alle Sinnesorgane ausgiebig behandeln, sondern wir wollen zwei davon, nämlich Sehsinn und Gehörsinn, exemplarisch herausgreifen.

2. Der Sehsinn

Er wird allgemein als der beherrschende Sinn des Menschen betrachtet.

Versuch:

Besorge dir ein Vergrößerungsglas und ein weißes Blatt Papier. Halte die Lupe zwischen ein helles Objekt (Stehlampe, Fernsehbildschirm, Fenster etc.) und das Papier. Verändere den Abstand zwischen Papier und Vergrößerungsglas. Welche Beobachtung kannst du machen?

Das in Versuch 10 demonstrierte Prinzip der Bilderzeugung wurde sowohl in der Technik (beim Kamerabau) als auch in der Natur (bei der Entwicklung des Auges) optimiert. Und so besitzen Fotoapparate und das menschliche Auge einige Gemeinsamkeiten *(vgl. Abb. 71).*

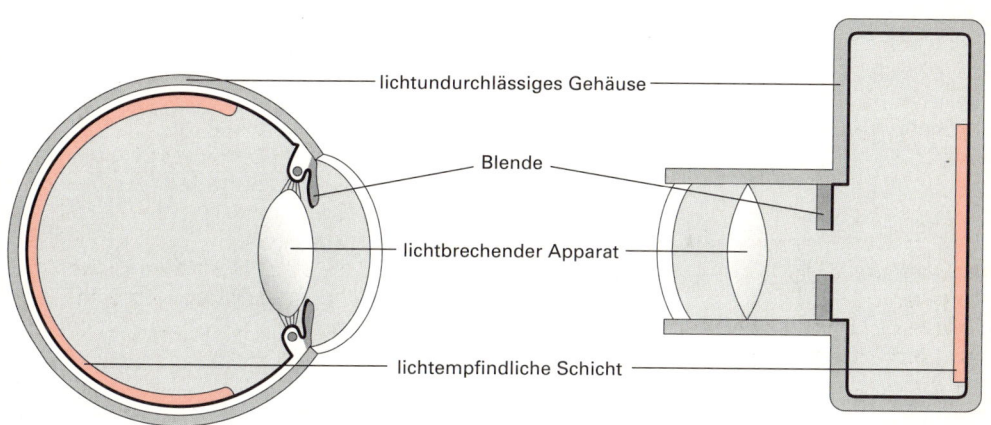

lichtundurchlässiges Gehäuse

Blende

lichtbrechender Apparat

lichtempfindliche Schicht

Abb. 71 Kamera und Auge im Vergleich

Sowohl in einer Kamera als auch im menschlichen Auge können scharfe und lichtstarke Bilder der Umgebung entstehen. Der Weg, den dabei die Lichtstrahlen vom Objekt bis zur lichtempfindlichen Schicht zurücklegen, ist in Abbildung 72 dargestellt.

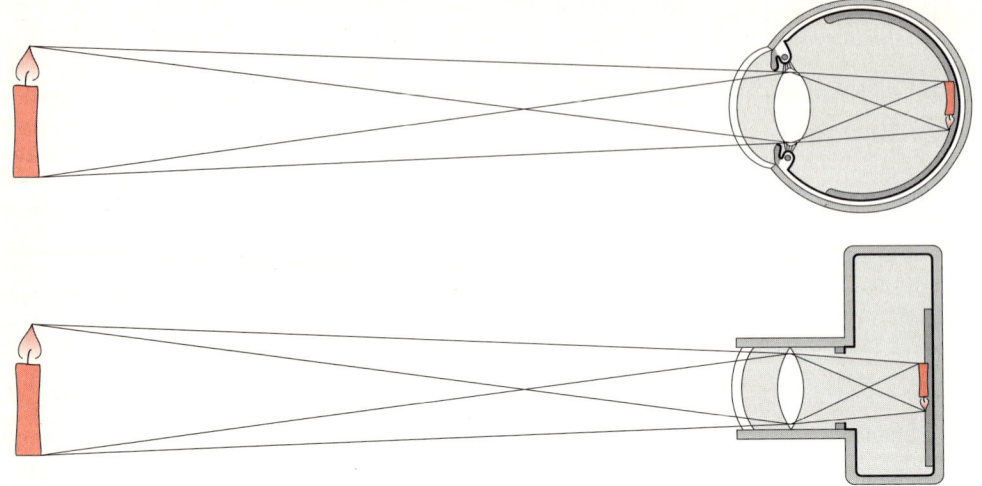

Abb. 72 Bildentstehung

2.1 Bau des Auges

Den Aufbau des Auges wollen wir anhand einer Abbildung noch eingehender kennenlernen *(vgl. Abb. 73).*

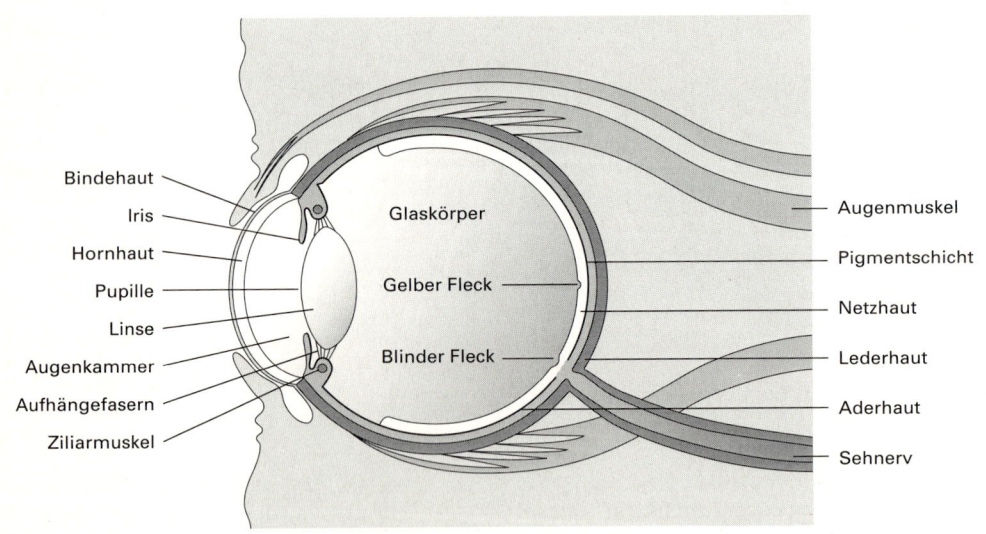

Abb. 73 Bau des menschlichen Auges

Die in der Abbildung genannten Bauteile des Auges werden wir bei unseren weiteren Betrachtungen erläutern.

In einem Fotoapparat befindet sich als lichtempfindliche Schicht ein Film. Seine Aufgabe übernimmt im Auge die **Netzhaut**. Sie besteht aus einer mehrlagigen Schicht spezialisierter Zellen *(vgl. Abb. 74)*.

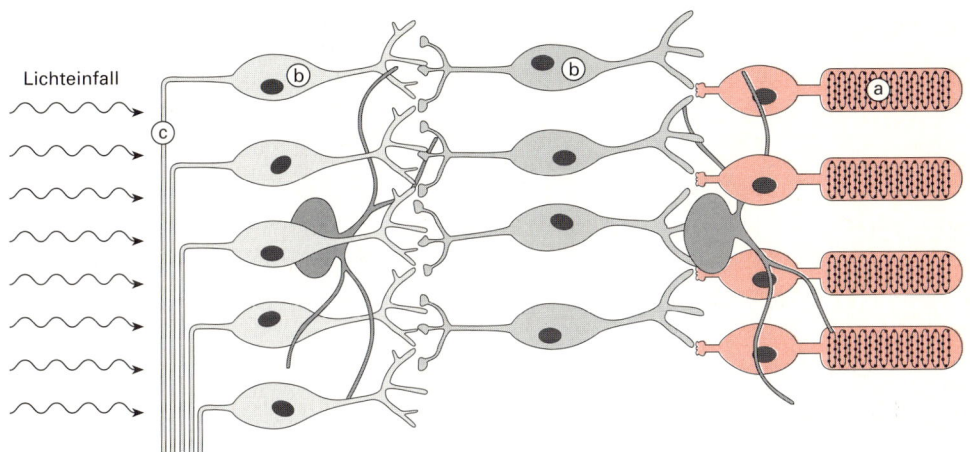

Abb. 74 Aufbau der Netzhaut

Den Abschluß bilden dabei lichtempfindliche Sinneszellen ⓐ (Photorezeptoren). Von diesen **Sehzellen** gibt es in der Netzhaut ca. 125 Millionen Stück. In Richtung zum einfallenden Licht schließen sich weitere Zellen an ⓑ. Sie werden aktiv, wenn die Sehzellen Lichtreize erfassen. Zellfortsätze ⓒ eines Teiles dieser Zellen führen alle zur selben Stelle in der Netzhaut. Dort vereinigen sie sich und bilden zusammen den **Sehnerv** *(vgl. auch Abb. 73)*. An der Stelle, an der dieser aus dem Augapfel austritt, ist kein Platz für Lichtsinneszellen, die Netzhaut weist hier den sogenannten **Blinden Fleck** auf.

Betrachte bei geschlossenem linken Auge das Kreuz auf Abb. 75 mit dem rechten Auge. Verändere den Abstand zwischen Papierebene und Auge und halte dabei beständig deinen Blick auf das Kreuz gerichtet. Welche Beobachtung kannst du machen?

113

Abb. 75 Bestimmung des Blinden Flecks

2.2 Leistungen des Auges

2.2.1 Akkommodation* (Einstellen auf die Entfernung)

Versuch:

a) Blicke mit einem Auge in die Ferne. Halte dabei einen Bleistift etwa 15 cm weit vor das Auge. Wie wird dieser wahrgenommen?

b) Richte deinen Blick nun auf den Bleistift. Wie erscheinen entfernte Gegenstände?

Der Versuch zeigt, daß wir ferne und nahe Gegenstände nicht gleichzeitig scharf sehen können. Das Auge kann seine aktuelle Scharfeinstellung wechseln. Dies geschieht durch eine Änderung der Form der Linse *(vgl. Abb. 76)*.

In **Ferneinstellung** ist die Linse abgeflacht und weist dadurch nur eine geringe Brechkraft auf ⓐ. Diese Form der Linse kommt dadurch zustande, daß sie von Aufhängefasern flach gezogen wird ⓑ. Einfallende Lichtstrahlen werden nur schwach abgelenkt ⓒ. Auf der Netzhaut wird der ferne Gegenstand scharf abgebildet ⓓ.

In **Naheinstellung** ist die Linse stärker gekrümmt und weist dadurch eine größere Brechkraft auf ⓔ. Diese Form der Linse kommt dadurch zustande, daß sich der sogenannte Ziliarmuskel zusammenzieht und dadurch die Aufhängefasern schlaff werden ⓕ. Die Linse krümmt sich dann durch ihre eigene Elastizität.

Einfallende Lichtstrahlen werden stärker abgelenkt ⓖ. Auf der Netzhaut wird der nahe Gegenstand scharf abgebildet ⓗ.

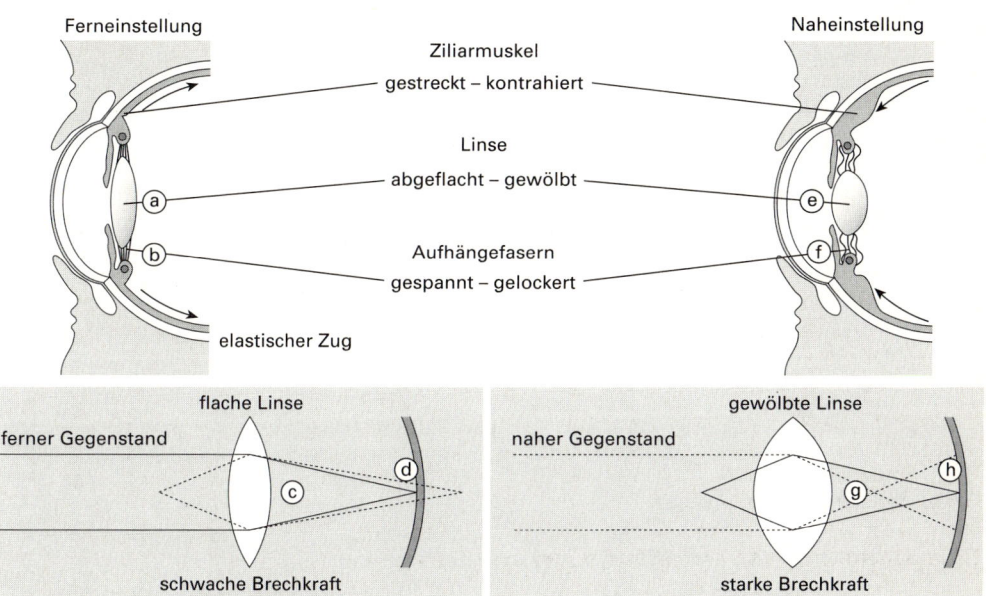

Abb. 76 Akkommodation des Auges

F/1

Aufgabe:

Mit zunehmendem Alter schwindet die Elastizität der Linse. Welche Auswirkung auf das Akkommodationsvermögen des Auges erwartest du?

Korrektur von Sehfehlern

Es gibt sehr viele Menschen, die es mit ihren Augen alleine nicht schaffen, Gegenstände in allen Entfernungsbereichen scharf zu sehen. Abhilfe schaffen in diesen Fällen Sehhilfen wie Brillen oder Kontaktlinsen.

Kurzsichtigkeit beruht häufig auf einem zu langen Augapfel *(vgl. Abb. 77 ⓐ)*. Weit entfernte Gegenstände erscheinen unscharf, da die von einem fernen Gegenstand in das Auge einfallen-

den Strahlen sich schon vor der Netzhaut schneiden. Auf der Netzhaut selbst entsteht ein unscharfes Bild. Abhilfe schaffen in diesem Fall Brillen mit Zerstreuungsgläsern (konkaver* Schliff) oder entsprechende Kontaktlinsen. Der Strahlengang wird dadurch vor dem Auge „aufgeweitet". Die Ebene der scharfen Abbildung verschiebt sich nach hinten auf die Netzhaut.

Bei **Weitsichtigkeit**, die häufig auf einem zu kurzen Augapfel beruht *(vgl. Abb. 77 ⓑ)*, erscheinen nahe Gegenstände unscharf. Die von einem nahen Gegenstand in das Auge einfallenden Strahlen schneiden sich erst in einer Ebene hinter der Netzhaut. Auf der Netzhaut selbst entsteht ein unscharfes Bild. Abhilfe schaffen in diesem Fall Brillen mit Sammelgläsern (konvexer* Schliff) oder entsprechende Kontaktlinsen. Der Strahlengang wird dadurch vor dem Auge „verengt". Die Ebene der scharfen Abbildung verschiebt sich nach vorne auf die Netzhaut.

Die Stärke von Brillengläsern – eigentlich ihre Brechkraft – wird in Dioptrien angegeben. Je höher der Wert, desto stärker die Linse.

Bei der **Altersweitsichtigkeit** erscheinen nahe Gegenstände, die in jungen Jahren mühelos scharf gesehen werden konnten, unscharf. Sie beruht nicht etwa auf einer abweichenden Form des Augapfels, sondern auf mangelnder Elastizität der Augenlinse *(vgl. auch Aufgabe F1)*. Die Elastizität nimmt dabei mit steigendem Alter ständig ab und der Punkt, ab dem man scharf sieht, rückt immer weiter weg. Ist er weiter weg als die Arme lang sind, so legt man sich eine Lesebrille zu. Diese enthält Sammelgläser, wodurch die mangelnde Krümmungsfähigkeit der Augenlinse ausgeglichen wird.

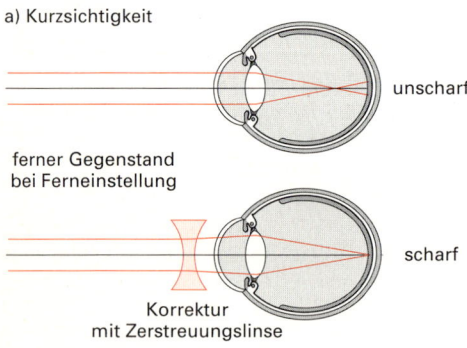

a) Kurzsichtigkeit

unscharf

ferner Gegenstand
bei Ferneinstellung

scharf

Korrektur
mit Zerstreuungslinse

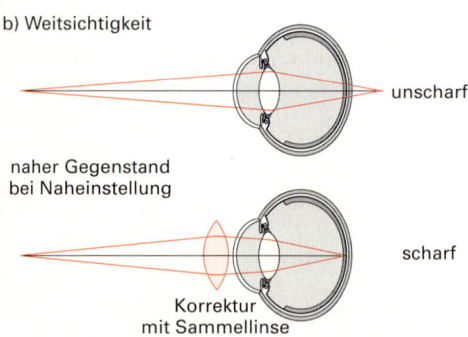

b) Weitsichtigkeit

unscharf

naher Gegenstand
bei Naheinstellung

scharf

Korrektur
mit Sammellinse

Abb. 77 Sehfehler und ihre Korrektur

2.2.2 Adaptation* (Anpassung an die Helligkeit)

Versuch:

Betrachte in einem abgedunkelten Raum das Auge eines Menschen aus der Nähe. Beleuchte dann das Auge plötzlich mit einem Licht (z. B. dem Lichtkegel einer gewöhnlichen Taschenlampe). Entferne anschließend das Licht wieder.

Der Versuch läßt sich vor einem Spiegel auch als Eigenexperiment durchführen. Beschreibe deine Beobachtungen.

Die meisten Kameraobjektive verfügen mit der Blende über eine Baueinrichtung zur Steuerung des Lichteinfalls *(vgl. Abb. 78a)*. Wie die Durchführung von Versuch 13 zeigt, besitzt auch das Auge eine analoge Einrichtung. Bei schwacher Lichteinstrahlung ist die Pupillenöffnung des Auges groß, so daß viel Licht ins Augeninnere eintreten kann. Bei zunehmender Helligkeit verkleinert sich die Pupillenöffnung, der Lichteinfall wird gedrosselt *(vgl. Abb. 78 b)*.

Wenn wir aus gleißender Helligkeit in einen dunklen Raum geraten, so können wir zunächst kaum etwas sehen. In einem abgedunkelten Kinosaal etwa haben wir erst einmal Schwierigkeiten, einen noch freien Platz zu erspähen. Nach einigen Minuten ist das aber kein Problem mehr, wir können dann auch im Dämmerlicht die Umgebung gut erkennen. Die sofortige Weitung unserer Pupillen bei Betreten des dunklen Raumes hat in diesem Fall nicht ausgereicht. Un-

a)

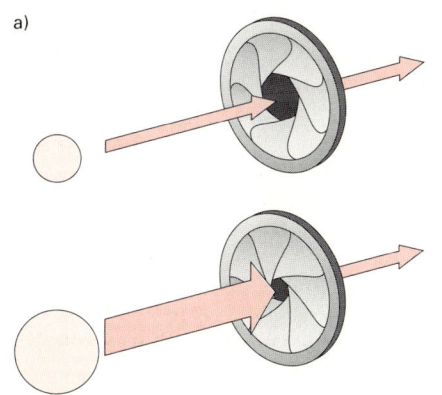

b)

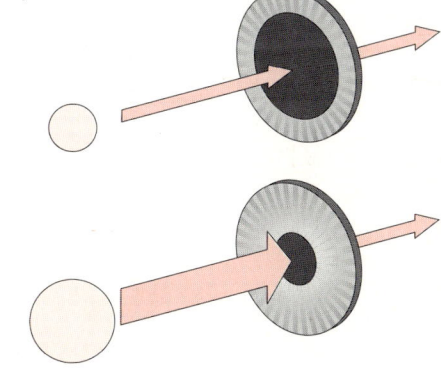

Abb. 78 Kamerablende und Pupille

117

sere Augen haben sich noch auf eine andere Weise an die Helligkeit der Umgebung angepaßt. Dabei spielt der Aufbau der Netzhaut die entscheidende Rolle. Wir wissen bereits, daß diese die Lichtsinneszellen enthält *(vgl. Abb. 74 auf S. 113)*. Davon gibt es zwei Sorten, die sich in ihrer Lichtempfindlichkeit unterscheiden – die sehr lichtempfindlichen **Stäbchen** und die weniger lichtempfindlichen **Zapfen**. Bei starkem Lichteinfall sind die Stäbchen in Fortsätze der Pigmentschicht eingesenkt. Die Lichtverarbeitung wird von den frei hervorragenden Zapfen durchgeführt. Bei Abdunklung vertauschen die beiden Sehzellensorten ihre Plätze. Dieser Vorgang benötigt eine gewisse Zeit und so dauert es eine Weile, bis die lichtempfindlichen Stäbchen in Position gebracht sind und ihre Arbeit aufnehmen können.

Aufgabe:

Versuche haben gezeigt, daß man immer dann, wenn man etwas genau betrachtet, das Bild des beobachteten Gegenstandes auf den Gelben Fleck *(vgl. Abb. 73)* projiziert. Dort befinden sich Sehzellen in besonders hoher Konzentration. Das Bild erscheint wegen dieser feinen Rasterung sehr scharf. Mikroskopische Untersuchungen haben ergeben, daß die Netzhaut im Gelben Fleck aber nur mit Zapfen und nicht mit Stäbchen ausgestattet ist. Was ist zu erwarten, wenn man im Dämmerlicht, in dem man Gegenstände gerade noch erkennen kann, eine bestimmte Stelle (z. B. ein Bild an der Wand) fixiert?

2.2.3 Farbensehen

Versuch:

Beklebe einen Kreisel mit verschiedenen Farbpapieren und lasse ihn rotieren.
Welche Beobachtung bezüglich des Farbeindrucks kannst du machen?

Versuche dieser Art zeigen, daß sich sämtliche Farbempfindungen durch die Mischung der drei Grundfarben Rot, Grün und Blau erzeugen lassen. Technische Anwendung findet dieses Prinzip z. B. beim Farbfernseher. Davon kann man sich überzeugen, wenn man mit der Lupe die Farbfelder des TV-Bildschirms betrachtet. Auch aus dem Kunstunterricht ist ja allgemein bekannt, daß sich durch Mischen neue Farben schaffen lassen.

Das menschliche Auge enthält drei verschiedene Sorten von Zapfen, die unterschiedlich empfindlich für rotes, grünes und blaues Licht sind. Die verschiedenen Lichtsorten werden demnach von den drei Zapfensorten unterschiedlich stark verarbeitet. Damit wird in ihrem Zusammenspiel das Erkennen sämtlicher Farbsorten möglich.

Farbenblindheit bzw. Farbenfehlsichtigkeit, die es in mehreren Varianten gibt und von der etwa 8% der männlichen und 0,5% der weiblichen Bevölkerung betroffen sind, beruhen auf dem Ausfall oder der Veränderung einer oder mehrerer Zapfensorten *(zur Vererbung der Farbenblindheit vgl. ML 66 Genetik Kap. D).*

3. Der Gehörsinn

Mit unseren Augen können wir nur Ereignisse wahrnehmen, die in unserem Blickfeld ablaufen. Lesen wir z. B. in diesem Buch, so können wir nicht gleichzeitig sehen, was hinter unserem Rücken abläuft. Wir können die Vorgänge, die dort ablaufen, aber dennoch erfassen. Wir können hören, daß der kleine Bruder sich anschleicht, um uns zu nerven, daß draußen ein Feuerwehrauto vorbeifährt, daß im Garten eine Amsel singt usw.. Das Ohr ist im Gegensatz zum Auge nicht auf eine bestimmte Einfallsrichtung des Reizes angewiesen, sondern zu einer Rundumerfassung befähigt. In dieser Hinsicht ist es dem Auge überlegen. Auch in der zwischenmenschlichen Kommunikation spielt der Gehörsinn eine herausgehobene Rolle. Er ermöglicht uns die Wahrnehmung von Sprache.

Adäquate Reize, die vom Gehör erfaßt werden können, sind Schallwellen. Diese werden von Schallquellen erzeugt. Schwingt z. B. eine Stimmgabel oder bewegen sich die Stimmbänder im Kehlkopf, so werden angrenzende Luftmoleküle in Schwingungen versetzt. Diese Schwingungen breiten sich als Druckschwankungen nach allen Seiten aus –

ganz ähnlich wie Wasserwellen, die von der Auftreffstelle eines Steines ausgehen. Die Anzahl der Druckschwankungen pro Sekunde nennt man Schallfrequenz und gibt sie in Hertz (Hz) an. Das Ohr eines jungen Erwachsenen kann einen Frequenzbereich von 20 Hz (sehr tiefer Ton) bis 20 000 Hz (sehr hoher Ton) registrieren. Die Wahrnehmungsgrenze für hohe Töne sinkt mit zunehmendem Alter deutlich ab. Will sich ein Sechzehnjähriger eine Stereoanlage kaufen, die statt eines Frequenzbereichs von 25–17 000 Hz einen von 25–19 000 Hz wiedergeben kann, so hat er zwar die Ohren, um den Unterschied zu hören, meist aber nicht den Geldbeutel, um ihn auch zu bezahlen. Sein Opa hingegen kann häufig den höheren Preis aufbringen, die zusätzlichen hohen Töne aber gar nicht mehr wahrnehmen. Vielleicht kann man ihn mit diesem Argument zum Tausch überreden!

Das menschliche Ohr besteht aus drei Hauptabschnitten *(vgl. Abb. 79).*
ⓐ **Außenohr**
ⓑ **Mittelohr**
ⓒ **Innenohr**

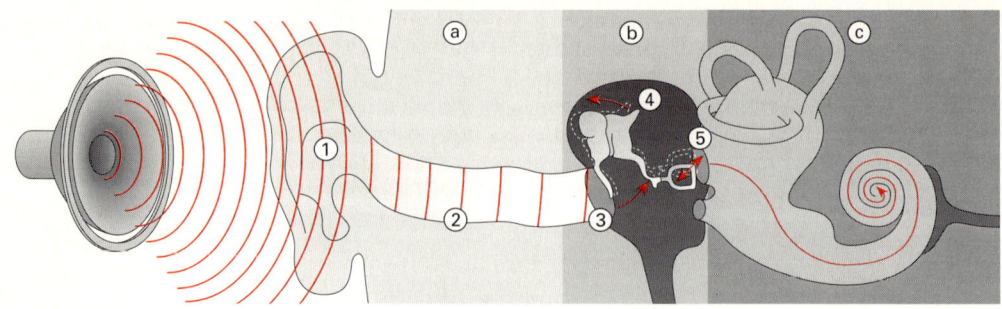

Abb. 79 Längsschnitt durch das menschliche Ohr

Von außen einlaufende Schallwellen werden von der **Ohrmuschel** aufgefangen ①, gelangen durch den **Gehörgang** ② und versetzen an dessen Ende das **Trommelfell** ③ in Schwingungen. Die Bewegungen des Trommelfelles werden durch die drei **Gehörknöchelchen** ④ im Mittelohr (Hammer, Amboß und Steigbügel) auf die Membran des ovalen Fensters ⑤ zum **Innenohr** übertragen. Dort findet dann die Erfassung der Reize durch Sinneszellen statt. Durch die Hebelwirkung der Gehörknöchelchen und den Größenunterschied zwischen Trommelfell und ovalem Fenster wird der Schalldruck um das Zwanzigfache verstärkt.

Das Innenohr besteht aus einem knochenumgebenen Hohlraumsystem und weist auf den ersten Blick einen recht unübersichtlichen Bau auf *(vgl. Abb. 80)*.

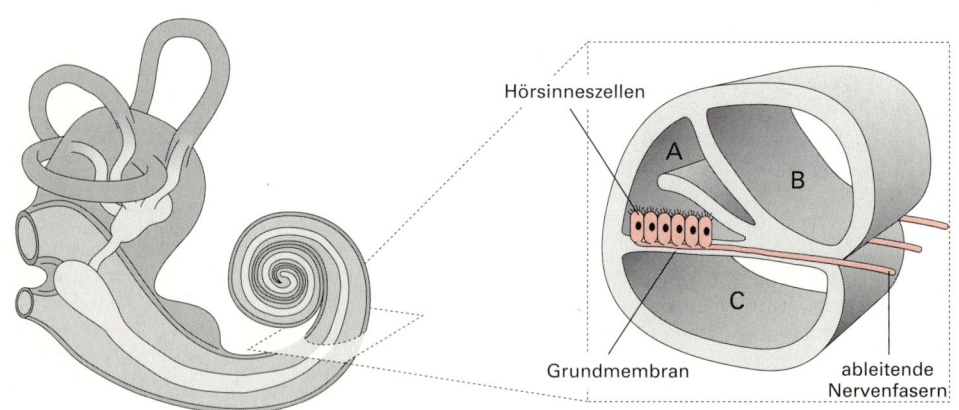

Abb. 80 Anatomie des Innenohres

Der schneckenförmig gewundene knöcherne Gang ist mit einer Lymphflüssigkeit gefüllt und wird durch Membranen in drei Gänge unterteilt (A, B und C). Auf einer der Membranen – der Grundmembran – sitzen die Hörsinneszellen auf.

Um die Vorgänge, die im Innenohr ablaufen, besser erklären zu können, haben wir einen zeichnerischen Trick angewendet und die Schnecke „gestreckt" *(vgl. Abb. 81).*

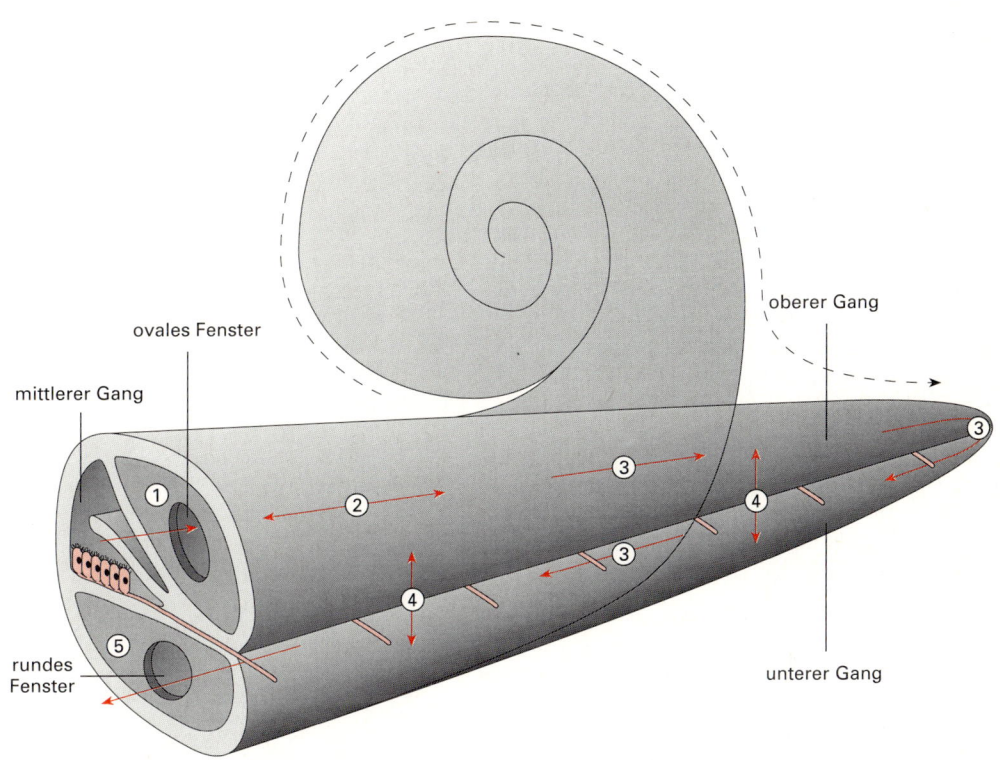

Abb. 81 Vorgänge im Innenohr

Wird das ovale Fenster durch die Bewegung der Gehörknöchelchen in Schwingungen versetzt ①, so werden diese auf die Lymphflüssigkeit übertragen ② und können sich durch den gesamten oberen und unteren Gang ausbreiten ③. Dabei wird die Grundmembran in Bewegung versetzt ④. Am Ende der Strecke trifft die Lymphe auf das elastische runde Fenster, welches die Schwingungen übernimmt ⑤.

F/3

Kalkablagerungen auf der Membran des runden Fensters können zu Schwerhörigkeit und Taubheit führen, auch wenn alle anderen Teile des Ohres funktionstüchtig sind. Finde dafür eine Erklärung.

Die entscheidenden Vorgänge spielen sich im Bereich der Grundmembran ab *(vgl. Abb. 82)*.
Über die in Bewegung versetzte Grundmembran läuft eine Welle ①. Diese erreicht an irgendeiner Stelle der Membran ihre maximale Höhe ②. Nur dort wird die Grundmembran so stark angehoben, daß die Sinneszellen mit ihren Härchen an die Deckmembran gedrückt werden ③. Durch diese mechanische Bewegung werden die Rezeptoren aktiviert

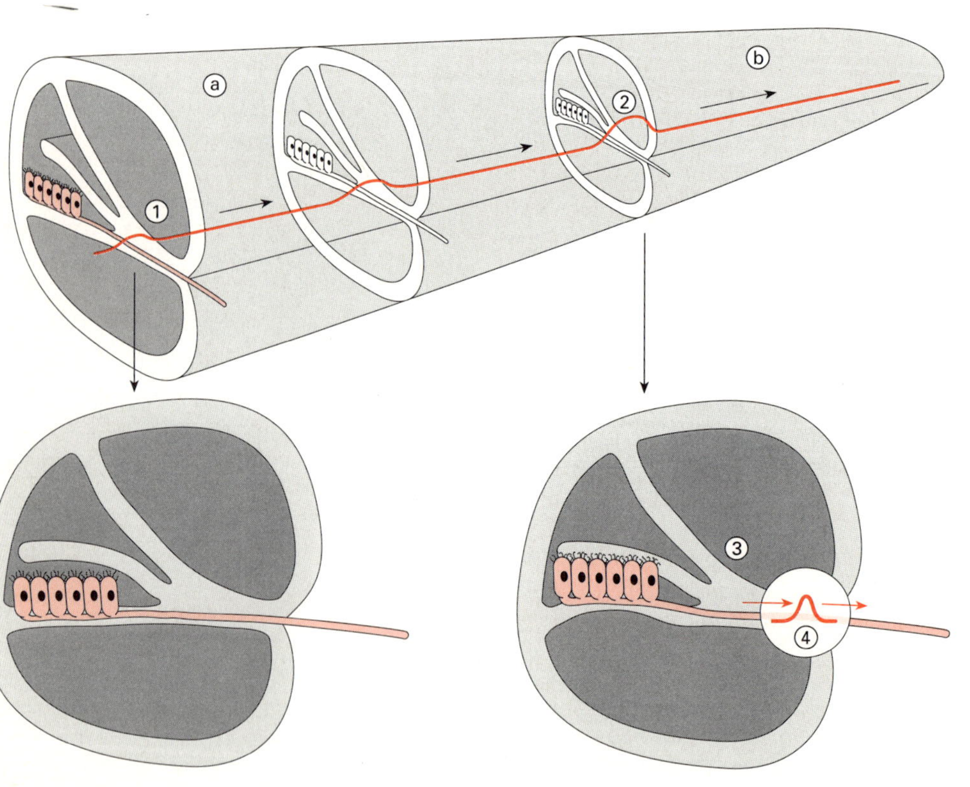

Abb. 82 Aktivierung der Hörsinneszellen

und senden über ableitende Fasern, die sich zum Hörnerv sammeln, Signale weiter ④. Diese werden dann in bestimmten Bereichen der Großhirnrinde in Tonwahrnehmung umgesetzt. In welchem Abschnitt der Schnecke die Grundmembran ihre stärkste Auslenkung erfährt, hängt von der Tonfrequenz ab. Bei hohen Tönen tritt dieses Maximum nahe am Anfang auf ⓐ, bei tiefen Tönen hingegen nahe dem Ende ⓑ. Töne unterschiedlicher Frequenz werden demnach von verschiedenen Sinneszellen registriert.

Für **Hörstörungen** gibt es verschiedene Ursachen:
Neben den Schädigungen des Trommelfells und der Gehörknöchelchen, z. B. als Folge einer Mittelohrentzündung, ist besonders die Schädigung von Hörzellen im Innenohr zu nennen. Dazu kann es schon durch einen überlauten Knall (Kanonenschlag an Silvester zu nahe am Ohr) oder durch Dauerlärmbelästigung (Discothek) kommen. Ein Disco-Lautsprecher in 2 m Entfernung ist beispielsweise doppelt so laut wie ein Düsenjäger im Landeanflug!!

4. Die Rolle des Gehirns

Das Gehirn empfängt Nervensignale, die ihm von den Sinnesorganen zugeleitet werden. Im Fall der Augen übernehmen diese Aufgabe die Sehnerven, deren Verlauf wir genauer betrachten wollen *(vgl. Abb. 83)*.

Die Sehnerven beider Augen überkreuzen sich an einer Stelle, die nahe der Schädelbasis liegt. Ihre Nervenfasern werden dabei neu geordnet. Die Fasern aus den linken Sehhälften beider Augen ziehen in die linke Gehirnhälfte, die Fasern aus den rechten Sehhälften in die rechte Gehirnhälfte. Die Nervenstränge führen zur Großhirnrinde am Hinterhaupt. Man bezeichnet diesen Bereich auch als **Sehrinde**. Dort werden die einlaufenden Nervensignale registriert und verarbeitet. Dabei entsteht in unserer Wahrnehmung ein „inneres Bild" der Umwelt, das die wesentlichen Merkmale hervorhebt.

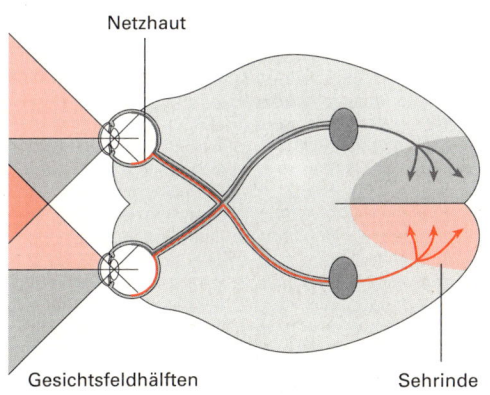

Netzhaut

Gesichtsfeldhälften

Sehrinde

Abb. 83 Sehbahn und Sehrinde

Betrachten wir das nebenstehende Vexierbild *(vgl. Abb. 84a)*, so sehen wir entweder das Gesicht einer alten Frau oder das Seitenprofil einer jungen Frau. Der Eindruck, den wir haben, springt zwischen beiden Möglichkeiten hin und her. Wir können geradezu spüren, wie das Gehirn einen Sinn in die ihm gemeldeten Sinnesdaten zu bekommen versucht, wenn wir ein vollkommen einförmiges Punktraster betrachten *(vgl. Abb. 84b)*. Ein weiteres Beispiel zeigt, wie das Gehirn aus einer bloßen Anordnung von Strichen ein Wort entstehen läßt, das wir alle lesen können *(vgl. Abb. 84c)*. Dies zeigt, daß es auf gemachte Erfahrungen – in diesem Fall die Kenntnis, wie Buchstaben aussehen – zurückgreift und in die Auswertung der Sinnesdaten einbezieht. Auch beim Betrachten sogenannter dreidimensionaler Illusionsbilder besitzen wir nicht etwa ein „magisches Auge", sondern der 3-D-Eindruck entsteht durch eine Leistung des Gehirns.

a)

b)

c)

TÄUSCHUNG

Abb. 84 Optische Täuschungen

Teste dein Wissen!

Aufgaben F4–F8:

Welche Sinne arbeiten mit Mechanorezeptoren?

Welche Formen der Fehlsichtigkeit gibt es? Welche davon kann durch Brillen mit Zerstreuungsgläsern (konkaver Schliff) korrigiert werden? Wie wirken diese?

F/6

„Bei Nacht sind alle Katzen grau." Welcher Mechanismus im Auge liefert die Grundlage für dieses Sprichwort?

F/7

Nenne die drei Hauptabschnitte des menschlichen Ohres.

F/8

Die Schwingungen der leicht beweglichen Luftmoleküle im Gehörgang werden in Schwingungen der schwerer beweglichen Lymphflüssigkeit im Innenohr umgesetzt.
a) Welche Teile des Ohres sorgen für die Übertragung?
b) Welcher „physikalische Trick" spielt dabei eine Rolle?

G. Sexualität

Liebe – was ist das?

„Aber das sind ja zwei verschiedene Arten", sagte Captain Garm, als man ihm die fremden Kreaturen zeigte. Seine optischen Sensoren stellten sich auf die größtmögliche Schärfe ein. Der Farbfleck darüber pulsierte in kurzen Abständen. Botax empfand Behagen dabei, diese Farbwechsel beobachten zu können; die Farbkommunikation war schon fast ein Stückchen Zuhause. „Nicht zwei verschiedene Arten", antwortete er, „aber zwei Formen einer Art."

„So ein Unsinn. Sie sehen völlig verschieden aus. Ein bißchen Ähnlichkeit mit den Perseern haben sie schon, vom Äußeren her, nicht so abscheulich wie viele nichtplanetarische Formen. Ansehnliche Größe, erkennbare Gliedmaßen. Aber keinen Kommunikationsfleck. Können sie kommunizieren?" „Jawohl, Captain Garm. Ich habe sogar gelernt, mich mit ihnen zu unterhalten."

„Aber trotzdem, wie können Sie darauf bestehen, daß es sich hierbei um eine einzige Art handelt? Das eine ist kleiner und hat längere Ranken, und es scheint anders proportioniert zu sein. Außerdem besitzt es Wölbungen an Stellen, die bei den anderen völlig flach sind."

„Captain, es gibt auf dem Planeten von fast jeder Spezies zwei Spielarten. Mir fehlen leider die Worte, um das genauer zu beschreiben. Wenn ich das Kommunikationsmittel dieser Wesen gebrauchen darf, das kleinere hier heißt ‚weiblich' und das größere ‚männlich'. Das beweist, daß sich die Kreaturen dieses Unterschieds sehr wohl bewußt sind. Um Junge auf die Welt zu bringen, müssen die zwei verschiedenen Formen miteinander kooperieren."

„Kooperieren? Was soll der Unsinn? Es gibt kein grundlegenderes Kennzeichen jeder Form von Leben, als daß ein Lebewesen seine Jungen ganz alleine zur Welt bringt. Was würde sonst noch Leben kennzeichnen?" „Die eine Art gebärt, aber die andere muß ihr dabei behilflich sein." „Wie bitte?"

„Captain, Sie verstehen mich nicht. Diese Kooperation hat zur Folge, daß sich die Gene mischen und neu kombinieren. Dadurch werden mit jeder Generation neue Charaktermerkmale auf die Welt gebracht. Dabei haben sie ein kompliziertes Ritual. Zuerst müssen sie sich immer weigern. Das erhöht das folgende Erlebnis. Nach dieser Einführung müssen sie ihre Häute ablegen."

„Sie müssen gehäutet werden?" „Nicht wirklich gehäutet. Sie haben künstliche Häute, die ohne Schmerzen entfernt werden können und sogar entfernt werden müssen. Vor allem die der kleineren Art. Nach dem Ablegen der Häute wirken die Ausbuchtungen an der oberen Hälfte des Rumpfes als Stimulans. Die flache Kreatur hat dann ein größeres Interesse. Und so erreichen sie langsam die letzte Stufe: Die größere Kreatur drückt ihren Speise- und Kommunikationsapparat auf den der kleineren. Das ist der Höhepunkt."

„Eine Spezies, zwei Formen, Kooperation, bah! Sie sind ein Idiot, Botax, ein Tölpel und vor allem krank, krank, krank!" „Captain Garm! Captain Garm! Sehen Sie, was diese Wesen jetzt machen!" Sein Kommunikationsfleck leuchtete in allen Regenbogenfarben. Aber in diesem Augenblick verließ das Schiff die Zeitstatik.

(Verändert nach Isaac Asimov, Liebe – was ist das?, aus: Oth, René (Hrsg.): Gemini. Zukunftsgeschichten über die Liebe. Darmstadt 1983.)

Beobachtet man im Sommer an einem Badestrand spielende Kleinkinder, so ist – wenn man sie von hinten sieht – die Frage *„Junge oder Mädchen?"* nicht leicht zu entscheiden, da sie sich in ihrem Körperbau kaum unterscheiden. Früher half einem der unterschiedliche Haarschnitt, heute muß man schon warten, bis sich die Kleinen umdrehen und man einen Blick auf ihre Vorderfront werfen kann. Dann allerdings wissen wir sofort Bescheid.

In diesem Alter bestehen die Unterschiede nur in der Ausstattung mit den sogenannten **primären Geschlechtsmerkmalen**:

Beim Mädchen sind äußerlich die **Schamlippen** zu erkennen. **Scheide, Gebärmutter, Eileiter** und **Eierstöcke** liegen im Körper.

Bei Jungen erkennt man den **Penis** und den **Hodensack**, in dem die beiden **Hoden** liegen. Im Körperinneren befinden sich die **Samenleiter** mit verschiedenen **Hilfsdrüsen**.

Die genannten Teile werden auch als **Geschlechtsorgane** bezeichnet. Ihre unterschiedliche Ausgestaltung erfolgt bereits während der Keimesentwicklung unter dem Einfluß der Geschlechtschromosomen *(vgl. Kap. G 5.1)*.

1. Veränderungen in der Pubertät

Betrachten wir statt kindlicher Nackedeis erwachsene Frauen und Männer, so ist es uns – ganz egal, von welcher Seite wir sie anschauen – in der Regel sofort möglich, ihre Geschlechtszugehörigkeit treffsicher zu bestimmen. Auch mit dem Gehör können wir jetzt zumeist – ganz anders als bei kleinen Kindern – zwischen der Stimme eines Mannes und einer Frau unterscheiden.

Die Kennzeichen, die uns die Geschlechtsunterscheidung einfach machen, bilden sich in der **Pubertät*** heraus. Beginn und Dauer der Pubertät sind nicht genau festzulegen. Es bestehen große individuelle Unterschiede. Häufig setzt sie bei Mädchen mit 10 bis 11 Jahren, bei Jungen ein Jahr später ein. Ausgelöst wird sie, wenn der Hypothalamus einen bestimmten Reifegrad erreicht. Dieser Abschnitt des Zwischenhirns veranlaßt über Hormone die Hypophyse

(Hirnanhangsdrüse, *vgl. Kap. E 2*), selbst Hormone auszuschütten. Diese regen die **Keimdrüsen** zur Bildung von **Geschlechtshormonen** an:

Die **Eierstöcke** eines Mädchens produzieren in steigendem Maße vor allem **Östrogene**, die **Hoden** eines Jungen vorwiegend **Testosteron**.

Unter dem Einfluß dieser Hormone kommt es zu zahlreichen körperlichen und seelischen Veränderungen.

1.1 Körperliche Veränderungen

Bei beiden Geschlechtern zeigt sich ein deutlicher **Wachstumsschub**, der Mütter oder Väter zum ständigen Nachkauf von passenden Jeans zwingt. Die **Achsel- und Schambehaarung** bildet sich aus. Die Schweißdrüsen beginnen stärker zu arbeiten mit der Folge, daß der Körpergeruch stärker wird und die häufigere Benutzung von Wasser und Seife angeraten erscheint. Die Talgdrüsen werden aktiver. Dadurch entstehen vermehrt Mitesser und Pickel und es kann zum Auftreten einer Akne kommen. Diese klingt im allgemeinen mit Erreichen der vollen geschlechtlichen Reife wieder ab.

Bei Mädchen entwickeln sich die **Brüste**. Ihr **Becken** wird **breiter**, die Schultern bleiben schmal.

Bei Jungen setzt der **Stimmbruch** ein. Durch das Wachstum des Kehlkopfes werden die Stimmbänder länger und die Stimmlage um etwa eine Oktave tiefer. Dies geschieht nicht über Nacht, sondern dauert eine Weile. Dabei kann es passieren, daß die „neue" Stimme gelegentlich zu der alten kindlichen Tonlage umspringt. Die Lacher, die das auslöst, kann man getrost ignorieren. Die männliche Stimme stabilisiert sich zusehends. Die Körperbehaarung wird stärker. Besonders auffällig ist der einsetzende **Bartwuchs**. Darüber hinaus bildet sich eine **kräftigere Muskulatur** aus. Die **Schultern** werden **breiter**, das Becken hingegen bleibt schmal.

Die genannten, nach der Pubertät unterschiedlich ausgebildeten Merkmale bezeichnet man als **sekundäre Geschlechtsmerkmale**.

Daneben gibt es noch weitere körperliche Unterschiede, wie z. B. in der Körpergröße oder in der Atemtätigkeit *(vgl. Abb. 85)*. Solche Unterschiede werden

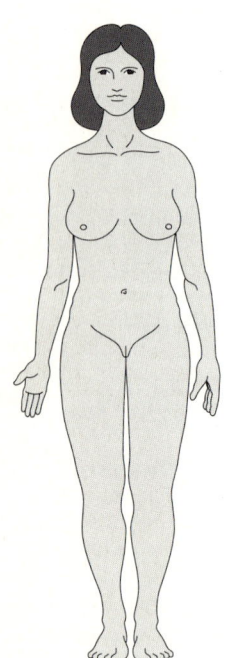
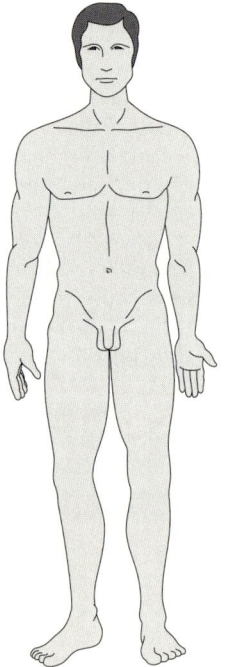

Frauen		Männer
	Körperhöhe	
162 cm	Körperhöhe	174 cm
60 kg	Körpergewicht	72 kg
92 %	Armlänge	100 %
91 %	Beinlänge	100 %
92 %	Schulterbreite	100 %
99 %	Beckenbreite	100 %
11 cm	Beckenausgang	9 cm
36 %	Muskulatur	42 %
4,5 l	Blutmenge	5,5 l
19 kg	Hebekraft des Unterarms	32 kg
3,6 l	Fassungsvermögen der Lunge	5,4 l
77 Jahre	Lebenserwartung	70 Jahre

Abb. 85 Charakteristische Merkmale von Mann und Frau

zuweilen als **tertiäre Geschlechts-merkmale** bezeichnet. Zusätzlich verwendet man diesen Begriff auch für solche Merkmale wie unterschiedliche Bekleidung und Haartracht oder bestimmte, als typisch männlich oder weiblich geltende Verhaltensweisen. Diese Unterschiede sind aber stark von kulturellen Einflüssen, von der Struktur der Gesellschaft und von Modeströmungen abhängig.

Unter dem Einfluß der Geschlechtshormone erfolgt auch die endgültige **Ausbildung der Geschlechtsorgane**. Die Keimdrüsen werden voll funktionsfähig, und die Keimzellen können heranreifen.

Beim **Mädchen** kommt es mit der Bildung der ersten reifen **Eizelle** zur ersten **Regelblutung**. Weitere Blutungen folgen und es spielt sich schließlich ein regelmäßiger **Menstruationszyklus*** ein. Dazu später noch mehr *(vgl. Kap. G 2.3)*.

Beim **Jungen** kommt es zu Gliedversteifungen **(Erektionen*)** als Folge sexueller Erregung und die einsetzende Produktion von Samenzellen **(Spermien*)** führt von Zeit zu Zeit zu spontanen, meist nächtlichen **Samenergüssen** (Pollutionen*). Auch dazu später noch mehr *(vgl. Kap. G 3)*.

1.2 Seelische Veränderungen

Jugendliche in der Pubertät, vor allem im Alter von 12 bis 16 Jahren, erscheinen vielen Erwachsenen als besonders schwierig. Ihr Auftreten wird als launisch und unberechenbar empfunden. Querelen in der Schule und Auseinandersetzungen mit den Eltern häufen sich. Dahinter steckt, daß in diesem Lebensabschnitt nicht nur der Körper quasi „von Kind auf Erwachsener umgestellt" wird,

sondern auch Geist und Seele. Und das geht zumeist nicht ohne seelische Konflikte. Das Finden einer neuen Identität setzt das Gewinnen von Eigenständigkeit voraus und so grenzt sich der Jugendliche zunehmend von seinen „Alten" ab. Dies kann dadurch geschehen, daß er sich z. B. in seinem Zimmer vergräbt, um dort, häufig unter passender musikalischer Begleitung, ungestört seinen Ideen nachzuhängen, oder daß er ständig auf Achse ist und z.B. bei seiner Clique herumhängt, um sich dort Rückhalt zu holen *(vgl. Abb. 86)*.

Abb. 86 Zwei aus Pingos Clique

Am Ende der Pubertät hat dann der Jugendliche seine eigenen Vorstellungen bezüglich seiner Lebensführung entwickelt und im Idealfall seinen Platz im Wertegefüge der Gesellschaft gefunden. Empfinden Jungen im Grundschulalter Mädchen als „doof" – umgekehrt gilt das übrigens auch –, so entsteht in der Pubertät das Bedürfnis, mit dem anderen Geschlecht Kontakt aufzunehmen. Dazu muß man zunächst mal auf sich aufmerksam machen. Daraus erklärt sich so manches Imponiergehabe, wie z. B. Rauchen, Mutproben, übertriebenes

Schminken oder lautes, auffälliges Reden. Die Jugendlichen suchen Zuneigung und Zärtlichkeit, sind aber zunächst noch unsicher, wie sie ans Ziel gelangen können. Es kann einen ganz gewaltig frusten, ja z. T. aggressiv werden lassen, bis man den richtigen Bogen raus hat. Es ist gar nicht so einfach, die sexuelle Neugier zu befriedigen. Und wenn man sich dann durch Videos, Bücher und Zeitschriften einschlägige Informationen verschafft und es ein bißchen genauer wissen will, hilft sicher unser Buch.

2. Bau und Funktion der Geschlechtsorgane

2.1. Bau der weiblichen Geschlechtsorgane

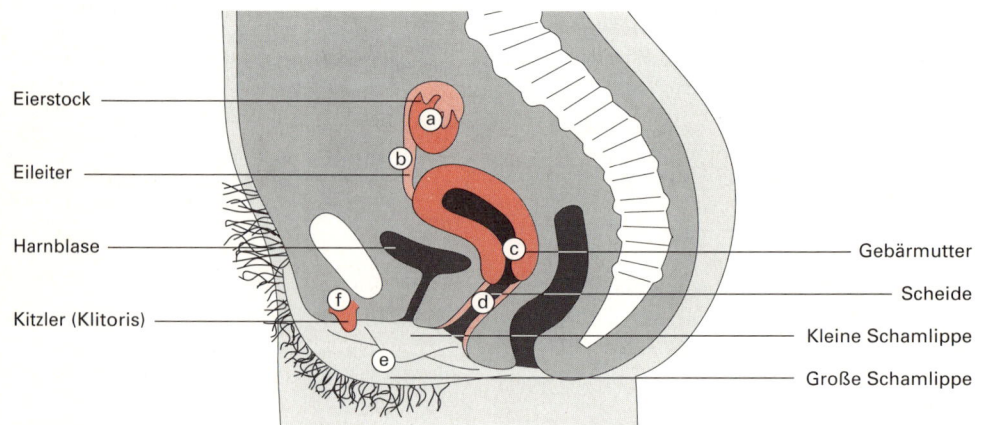

Eierstock

Eileiter

Harnblase

Kitzler (Klitoris)

Gebärmutter

Scheide

Kleine Schamlippe

Große Schamlippe

Abb. 87 Weibliche Geschlechtsorgane

ⓐ Die beiden etwa walnußgroßen **Eierstöcke** (Ovarien*) sind an Bindegewebsbändern in der Bauchhöhle aufgehängt. In ihnen reifen in meist regelmäßigen Abständen die Eizellen heran. Sie sind auch die Bildungsstätten für die weiblichen Geschlechtshormone.

ⓑ Die beiden etwa bleistiftstarken und ca. 15 cm langen **Eileiter** (Ovidukte) entspringen aus der Gebärmutter. Sie sind in ihrem Inneren mit einer Flimmerschleimhaut ausgekleidet und enden in trichterförmigen Erweiterungen, die sich an die Eierstöcke anlegen können.

130

ⓒ Die **Gebärmutter** (Uterus) ist ein etwa birnenförmiger und birnengroßer, sehr stark dehnbarer Hohlmuskel, der mit einer Schleimhaut ausgekleidet ist. In ihr wächst bei einer Schwangerschaft der neue Mensch heran. Der Gebärmutterhals öffnet sich über den Muttermund (Portio) zur Scheide. Diese Übergangsstelle ist von einem Schleimpfropf verschlossen.

ⓓ Die **Scheide** (Vagina), ein ca. 10 cm langer schlauchförmiger Hohlmuskel, nimmt bei der körperlichen Vereinigung von Mann und Frau den Penis auf. Außerdem ist sie der Kanal, durch den bei einer Geburt das Baby durchgepreßt wird. Dementsprechend ist sie sehr dehnbar. Nach außen ist die Scheide bis zum ersten Geschlechtsverkehr z. T. durch eine Hautfalte, das Jungfernhäutchen (Hymen), abgeschlossen. Es reißt bei der ersten Einführung eines Penis ein. Dabei kommt es zu geringfügigen Blutungen, was Schmerzen verursachen kann.

ⓔ Die äußerlich sichtbaren Geschlechtsorgane sind die großen und die kleinen **Schamlippen**. Sie umschließen den Scheideneingang und die davor liegende Harnröhrenöffnung.

ⓕ Vor der Harnröhrenöffnung liegt der **Kitzler** (Klitoris). Er enthält einen Schwellkörper, der bei sexueller Erregung anschwillt. Die Klitoriseichel enthält zahlreiche Nervenendigungen und ist dadurch sehr empfindsam.

2.2 Eireifung und Menstruation

In jedem Eierstock befinden sich von Geburt an etwa 200000 unreife Eizellen.

Von diesen gelangt pro Monat meist nur eine einzige zur vollständigen Weiterentwicklung *(vgl. Abb. 88)*.

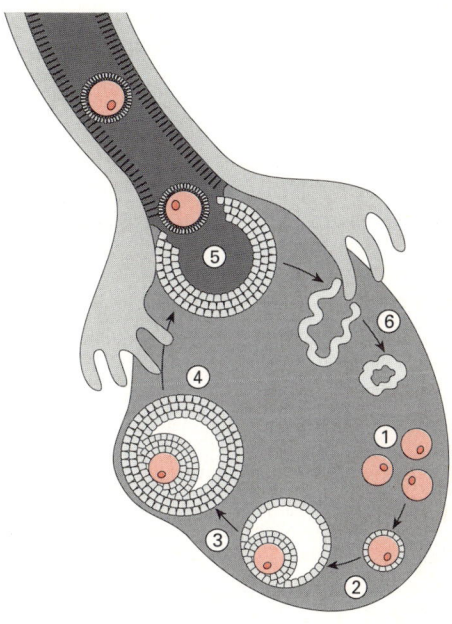

Abb. 88 Eireifung

① Im Eierstock liegen die unreifen **Eizellen** in Gruppen zusammengefaßt in lockeres Bindegewebe eingebettet.

② Bindegewebszellen bilden eine mehrschichtige Hülle um die Eizelle, die als **Follikel** bezeichnet wird.

③ Die Zellen der Hülle sondern eine Flüssigkeit ab, die den Zusammenhalt der Zellen im Inneren sprengt. Dadurch bildet sich der Follikel blasenförmig um. Diese Blase kann bis zu einer Größe von 2 cm heranwachsen.

④ Im voll ausgereiften Stadium rückt der Follikel an die Oberfläche des

Eierstocks und wölbt diese nach außen. Dadurch wird die Hülle des Eierstocks an dieser Stelle immer dünner.

⑤ Schließlich platzt die Hülle des Follikels an der Eierstockoberfläche, es kommt zum **Eisprung** (Ovulation): das Ei wird durch die ausfließende Flüssigkeit herausgeschwemmt. Das freigesetzte Ei bleibt von einer Hülle aus sogenannten Kranzzellen umgeben *(vgl. Abb. 89)*.

⑥ Die im Eierstock verbleibenden Follikelreste werden zum **Gelbkörper** umgebaut.

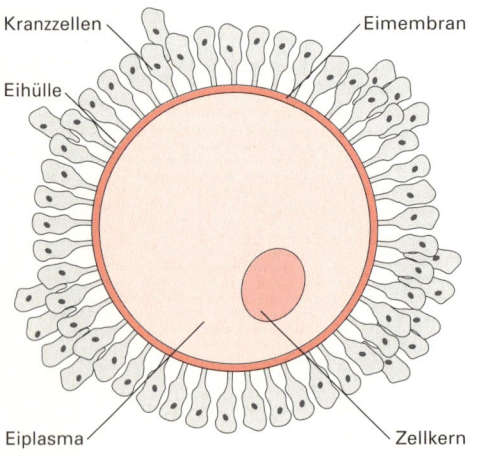

Kranzzellen — Eimembran
Eihülle
Eiplasma — Zellkern

Abb. 89 Schema einer menschlichen Eizelle

Die reife Eizelle hat einen Durchmesser von 0,2 mm. Damit ist sie eine der größten Zellen des menschlichen Körpers und gerade noch mit bloßem Auge sichtbar. Sie enthält viele Nährstoffe. In ihrem Kern befinden sich die Erbinformationen. *(Genaueres darüber kannst du im Genetikband ML 66 unter dem Stichwort Meiose nachlesen.)*
Das Ei wird durch Wimpern in der Flimmerschleimhaut des Eileiters in dessen

Trichter gestrudelt und in Richtung auf die Gebärmutter (Uterus) weiter transportiert. Dort angekommen, kann sich ein befruchtetes Ei in die zu diesem Zeitpunkt voll ausgebildete Uterusschleimhaut einnisten. Ein unbefruchtetes Ei hingegen stirbt auf seinem Weg durch den Eileiter ab und es kann keine Einnistung erfolgen.

Findet keine Befruchtung und damit auch keine Einnistung statt, beginnt sich die Schleimhaut von der Muskelwand der Gebärmutter abzulösen. Dabei reißen feine Äderchen ein und die obersten Schleimhautschichten werden zusammen mit etwas Blut (50 bis 150 ml in 3–5 Tagen) durch die Scheide nach außen abgegeben. Diesen Vorgang nennt man **Menstruation** (Monats- oder Regelblutung). Sie wiederholt sich regelmäßig, deshalb spricht man auch von **Periode**. Der Zyklus dauert bei den meisten Frauen 26–30 Tage. Er kann aber auch kürzer oder länger sein. Bei jungen Mädchen schwanken die Zykluslängen zunächst meist stark. Es dauert einige Jahre, bis sich ein regelmäßiger Ablauf ergibt. Häufig treten gerade auch bei Mädchen oder jungen Frauen Menstruationsbeschwerden wie Bauchweh, Übelkeit oder Kopfweh auf.

Das ausfließende Blut wird mit saugfähigen Binden oder Tampons aufgefangen, die regelmäßig gewechselt werden müssen. Die tägliche Reinigung der äußeren Geschlechtsorgane ist während der Monatsblutung besonders wichtig.

Im Alter um 50 Jahre werden die Zyklen bei einer Frau zuerst unregelmäßig und schließlich ganz eingestellt. Nach diesen **Wechseljahren** (Klimakterium*) reifen in einer Frau keine Eizellen mehr heran und sie kann keine Kinder mehr bekommen.

2.3 Steuerung des weiblichen Zyklus

Eireifung und Aufbau der Gebärmutterschleimhaut sind sinnvoll aufeinander abgestimmt. Die Steuerung erfolgt dabei über mehrere Hormone *(vgl. Abb. 90)*.

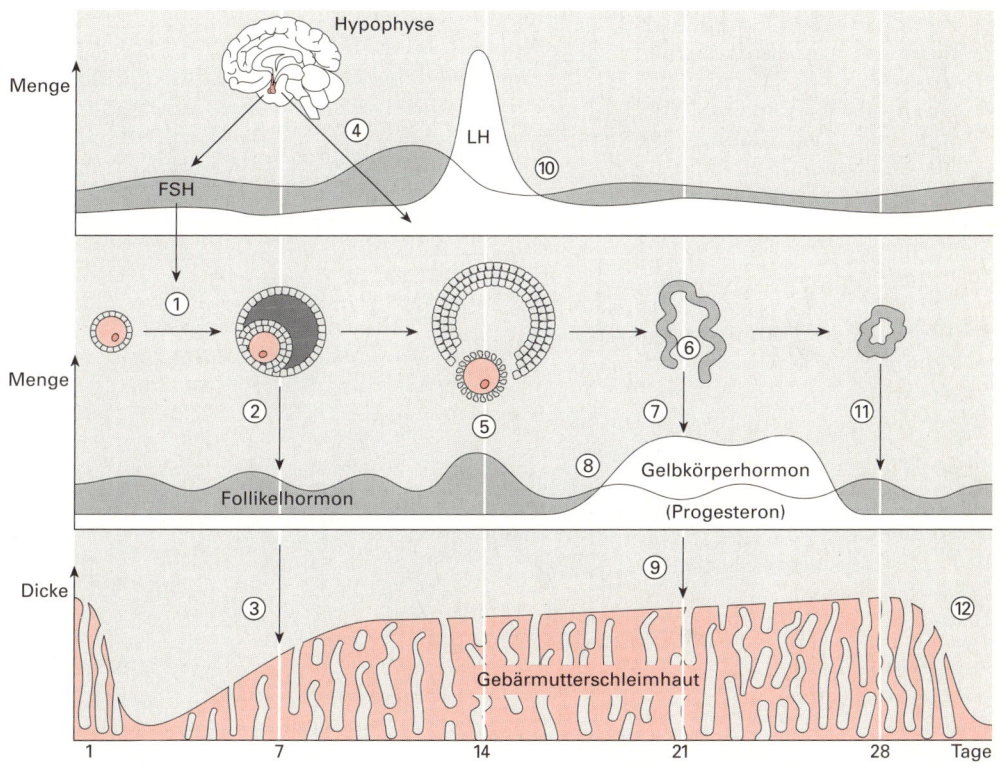

Abb. 90 Vorgänge beim weiblichen Zyklus (vereinfacht)

① Das von der Hypophyse ausgeschüttete **FSH** (**F**ollikel **s**timulierendes **H**ormon) gelangt über die Blutbahn zu den Eierstöcken und bringt dort die Reifung einer Eizelle in Gang.

② Der heranreifende Follikel produziert das **Follikelhormon** (ein Östrogen).

③ Unter seinem Einfluß kommt es zum Aufbau der Gebärmutterschleimhaut.

④ Gleichzeitig fördert das Follikelhormon die Ausschüttung eines zweiten Hypophysenhormons, des **LH** (**l**uteinisierendes* **H**ormon).

133

⑤ Bei einem bestimmten Mengenverhältnis von FSH und LH platzt der Follikel auf und es kommt zum Eisprung.

⑥ Die Reste des Follikels im Eierstock bilden sich zum Gelbkörper (Corpus luteum*) um.

⑦ Der Gelbkörper produziert das **Gelbkörperhormon** (Progesteron).

⑧ Zu diesem Zeitpunkt hat die Follikelhormon-Produktion bereits nachgelassen.

⑨ Unter der Einwirkung des Progesterons wird die Gebärmutterschleimhaut umgebaut und auf die Einnistung eines Keims vorbereitet.

⑩ Außerdem wird die LH-Produktion in der Hypophyse gebremst.

⑪ Findet keine Befruchtung statt, so bildet sich der Gelbkörper zurück. Die Progesteron-Bildung kommt zum Erliegen.

⑫ Als Folge davon löst sich die Schleimhaut von der Gebärmutterwand ab: es kommt zur Menstruation.

Nach der Menstruation beginnt der ganze beschriebene Zyklus wieder von vorne. Wird die Eizelle befruchtet und es kommt zur Einnistung des Keims in die Gebärmutterschleimhaut, so ergibt sich ein anderer Ablauf *(vgl. Kap. G 5.2)*.

2.4 Bau der männlichen Geschlechtsorgane

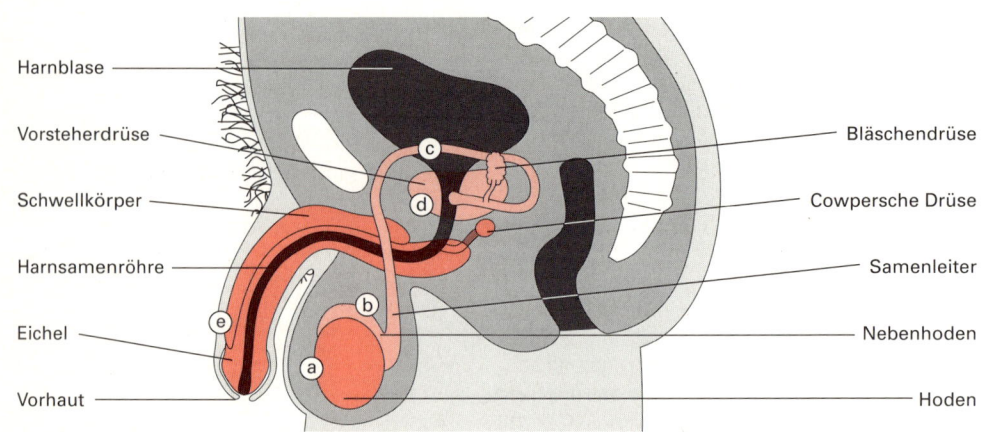

Harnblase

Vorsteherdrüse

Schwellkörper

Harnsamenröhre

Eichel

Vorhaut

Bläschendrüse

Cowpersche Drüse

Samenleiter

Nebenhoden

Hoden

Abb. 91 Männliche Geschlechtsorgane

ⓐ Die beiden etwa pflaumengroßen **Hoden** liegen im Hodensack. In ihnen werden die Spermien gebildet und die männlichen Geschlechtshormone produziert.

ⓑ Am hinteren, oberen Ende der Hoden liegen die **Nebenhoden**. In ihnen werden die Spermien gespeichert.

ⓒ Aus den Nebenhoden entspringen die beiden **Samenleiter**, die an der

Unterseite der Harnblase enden. Dort vereinigen sie sich mit der Harnröhre zur **Harnsamenröhre**, die durch den Penisschaft zur Penisspitze führt und dort ausmündet.

ⓓ Die **Vorsteherdrüse** (Prostata) hat etwa die Form und Größe einer Kastanie. Sie liegt unterhalb der Blase und umschließt dort die Harnröhre und die Samenleiter.

ⓔ Der **Penis**, auch Glied genannt, besteht aus Schwellkörpern und ist von einer verschiebbaren Haut umgeben, die an der Penisspitze als Vorhaut die Eichel umgibt. Die Eichel enthält zahlreiche Nervenendigungen und ist dadurch sehr empfindsam. Unter der Vorhaut sondern Talgdrüsen ein Sekret ab, in dem sich Krankheitserreger gut vermehren können. Es ist deshalb wichtig, die Stelle regelmäßig zu waschen und dabei die Vorhaut zurückzuziehen. Bei einigen Völkern werden aus ursprünglich vermutlich hygienischen Gründen die Vorhäute der Jungen entfernt (Beschneidung). Bei sexueller Erregung füllen sich die Schwellkörper rasch mit Blut, und es kommt zur Versteifung des Glieds, der **Erektion**.

2.5 Bildung und Bau der Spermien

Während die Eizelle eine der größten menschlichen Zellen ist, gehören die Spermien zu den kleinsten Zellen des menschlichen Körpers. Sie sind nur etwa 0,06 mm lang. Ihre Bildung erfolgt in den Hoden. Ein Längsschnittbild zeigt uns den inneren Bau der männlichen Keimdrüse *(vgl. Abb. 92)*.

ⓐ Von der Bindegewebskapsel, die den Hoden umgibt, ziehen Ausläufer in das Hodeninnere.

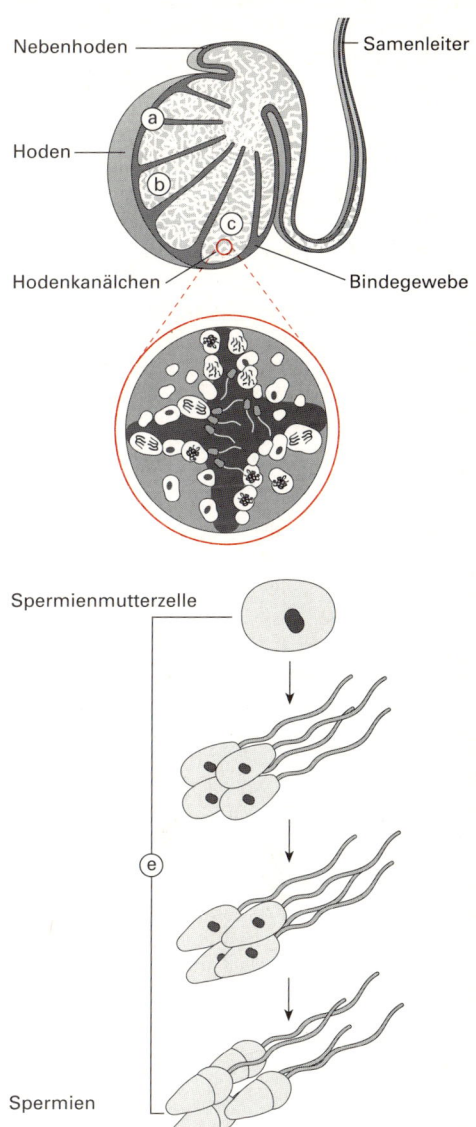

Abb. 92 *Innerer Bau eines Hodens und Spermienentwicklung*

ⓑ Dieses wird dadurch in einzelne Kammern unterteilt.

ⓒ In diesen befinden sich stark gewundene Kanälchen, die **Hodenkanälchen**.

ⓓ In ihnen reifen die männlichen Keimzellen heran.

ⓔ Dabei entstehen aus **Spermienmutterzellen** unter zweifacher Teilung *(Genaueres darüber kannst du im Genetikband ML 66 unter dem Stichwort Meiose nachlesen)* und Umgestaltung der Form die **Spermien**.

Jedes Spermium besteht aus **Kopf, Mittelstück** und **Schwanzfaden** *(vgl. Abb. 93)*. Im Kopf befinden sich die Erbinformationen, das Mittelstück liefert mit seinen Mitochondrien die Antriebsenergie und der Schwanzfaden bewegt sich wie die Geißel eines Einzellers und sorgt dadurch für die Fortbewegung.

Es können täglich Millionen von Spermien gebildet werden. Dafür ist es aber wichtig, daß die Temperatur im Hoden einige Grad unter der Körpertemperatur liegt. Dies ist dadurch gewährleistet, daß die Hoden in den Hodensack abgesenkt sind und somit außerhalb der Bauchhöhle liegen. Geringfügige Erhöhung der Temperatur führt zur Unterdrückung der Spermienbildung. Manche Ärzte behaupten, daß bereits der Wärmestau, der durch das ständige Tragen hautenger Jeans entsteht, zu viel ist.

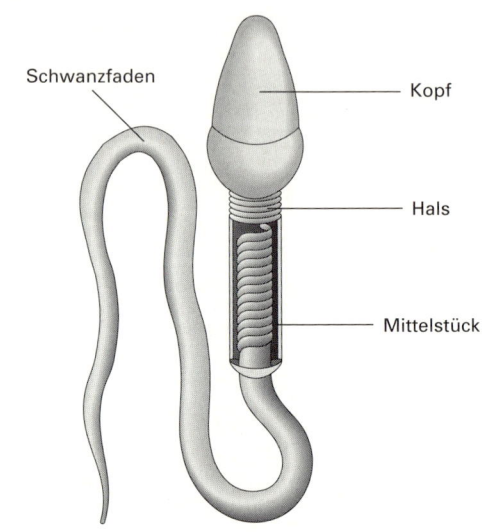

Abb. 93 Bau eines Spermiums

3. Das sexuelle Verhalten

Wenn die Keimdrüsen funktionsfähig geworden sind und die Produktion der Sexualhormone auf volle Touren gekommen ist, entsteht der Drang nach sexueller Betätigung.

Die Spermienproduktion läuft so intensiv, daß die Speicherkapazität der Nebenhoden bald erschöpft ist. Sie werden dann immer wieder mal spontan entleert. Durch die Prostata und andere Drüsen *(vgl. Abb. 91)* werden den Spermien auf dem Weg durch die Samenleiter und die Harnsamenröhre Sekrete beigemischt. Das Gemisch aus Spermien und Sekret wird **Sperma** (Samen) genannnt. Die Ausschleuderung des Spermas nach außen erfolgt durch rhythmische Kontraktion verschiedener Muskeln und wird als **Ejakulation** bezeichnet.

Der unwillkürliche Samenerguß (Pollution) erfolgt meist während des Schlafs und ist häufig von sexuellen Träumen begleitet. Die angenehme Erfahrung des Lustgefühls und der sexuellen Entspannung lassen den Wunsch entstehen, den Samenerguß auch bewußt herbeizuführen. Dies wird durch Reizung der sensiblen Stellen am Penis erreicht.

Der Höhepunkt der sexuellen Lust wird als **Orgasmus*** bezeichnet. Beim Mann ist er mit der Ejakulation gekoppelt. Bei Frauen wird er – ausgelöst durch Reibung der Geschlechtsorgane – von mehreren heftigen Kontraktionen der Scheiden- und Gebärmuttermuskulatur begleitet.

Das Verhalten, sich selbst zum sexuellen Höhepunkt zu bringen, wird als **Selbstbefriedigung** (Onanie, Ipsation, Masturbation) bezeichnet. Es dient bei Heranwachsenden dazu, sich mit den eigenen körperlichen Reaktionen vertraut zu machen. Die früher vertretene Auffassung, daß Onanie schädliche Folgen habe, hat sich als unbegründet erwiesen. Vielmehr hat gerade diese falsche Ansicht zu Schäden geführt. Viele Jugendliche entwickelten nämlich in dem Konflikt zwischen natürlichem Empfinden und angeblich schädlichem Verhalten belastende Schuldkomplexe. Das sollte heutzutage eigentlich nicht mehr passieren.

Beim **Petting*** werden Zärtlichkeiten mit einem Partner ausgetauscht. Dabei berühren sich beide Partner gegenseitig an den Geschlechtsorganen und stimulieren sich bis zum Orgasmus. Dieses Verhalten ist darauf ausgerichtet, die Reaktionen des Partners zu erkunden und zu sexueller Entspannung zu gelangen.

Das Ziel, auf das sich das sexuelle Verhalten letztendlich richtet, ist die körperliche Vereinigung (**Koitus**, Beischlaf). Dabei führt der Mann seinen erigierten (steifen) Penis in die Scheide der Frau ein. Beim Hin- und Herbewegen des Glieds werden die sensiblen Bezirke der Peniseichel gereizt und die sexuelle Erregung gesteigert. Schließlich kommt es zur Ejakulation, die mit einem starken Lustempfinden einhergeht.

Die geschlechtliche Erregung wächst bei Frauen im Durchschnitt langsamer an als bei Männern. Darauf kann man sich als Mann einstellen und die Partnerin zunächst mal durch ausgiebiges Schmusen (Vorspiel) in Stimmung bringen. Bei sexueller Erregung sondert die Scheide dann eine Flüssigkeit ab, die das Eindringen und Hin- und Hergleiten des Penis erleichtert. Durch die dabei stattfindende mechanische Stimulation der reizempfindlichen Stellen ihrer Geschlechtsorgane kann auch die Frau zum Höhepunkt gelangen.

Dem Drang nach sexueller Betätigung kommt eine doppelte **biologische Bedeutung** zu. Einerseits wird durch Zusammenbringen von Spermium und Eizelle die **Fortpflanzung** ermöglicht. Andererseits wird aber auch die **Partnerbindung** gefestigt. Eine für beide Seiten befriedigende gemeinsame Sexualität ist damit eine der Grundlagen für eine von gegenseitiger Achtung und Zuneigung getragene Beziehung. In einer solchen Umgebung finden wiederum Kinder die günstigsten Bedingungen für ihre Entwicklung.

Junge Leute wollen ihre Zweisamkeit aber erst mal für sich genießen. Den Spaß und die Freude, die man mit Kindern in der Familie hat, wollen sie sich für später aufheben. Vielleicht wollen sie sich auch erst einmal eine sichere Existenz aufbauen.

Wie auch immer – wenn die Partner „miteinander schlafen" wollen, das Eintreten einer Schwangerschaft dabei aber ausgeschlossen sein soll, dann kann eine Empfängnis durch unterschiedliche Maßnahmen verhütet werden.

4. Empfängnisverhütung

Einen Überblick über die zahlreichen Möglichkeiten der Schwangerschaftsverhütung gibt Abb. 94. Die **Zahl** jeweils **rechts unten in den Kästchen** macht eine Aussage über die **Zuverlässigkeit** der jeweiligen Methode. Die Zahl 3 bedeutet z. B., daß 100 Frauen die Methode ein Jahr lang anwenden und davon drei schwanger werden. Bei der Zahl 4 wären es vier der hundert Frauen. Je kleiner die Zahl, desto sicherer also die Methode.

Hormonelle Verhütungsmittel gelten als die zuverlässigsten. Die „Anti-Baby-Pille", kurz **Pille** genannt, enthält eine Mischung aus Östrogen und Progesteron. Sie bewirkt in erster Linie, daß die Follikelreifung und der Eisprung unterbleiben (Ovulationshemmung). Die Pille

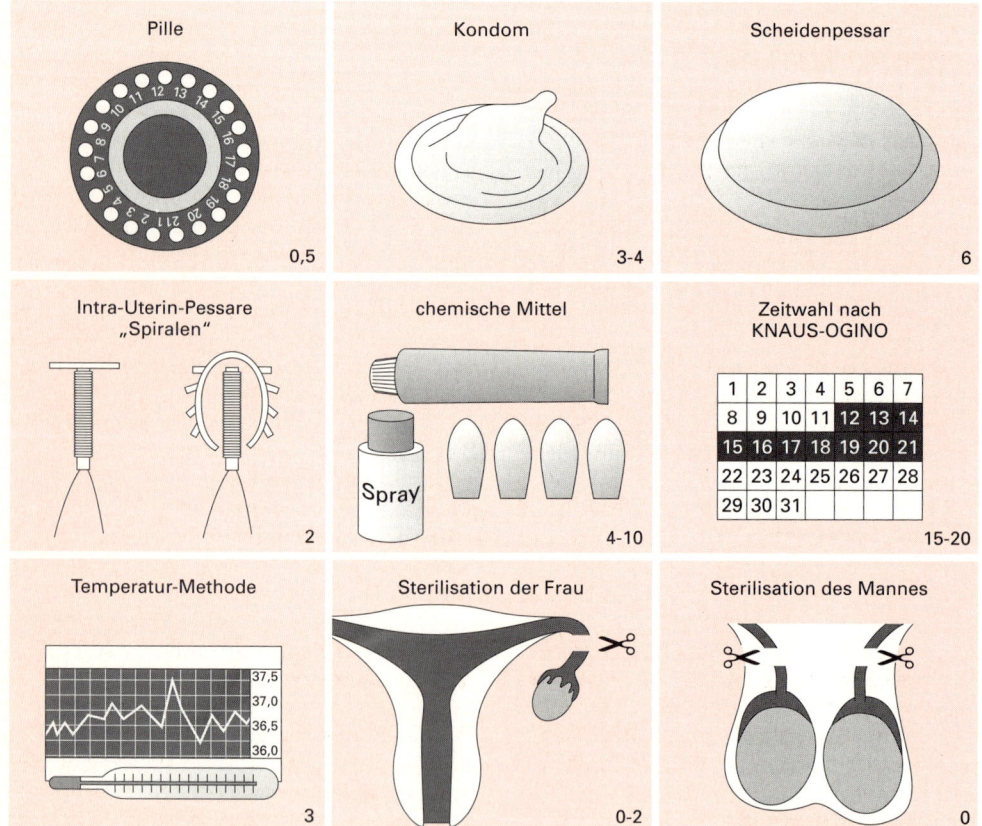

Abb. 94 Verhütungsmittel/-methoden und ihre Zuverlässigkeit (Erläuterungen im Text)

wird drei Wochen lang täglich eingenommen. Danach wird eine Pause von sieben Tagen eingelegt, während derer es zu einer menstruationsähnlichen Entzugsblutung kommt. Danach beginnt dann wieder die dreiwöchige Einnahme usw.

Die **Minipille** enthält nur ein einziges Hormon in geringer Dosierung. Sie verändert v. a. den Schleimpfropf im Gebärmutterhals so, daß er für Spermien undurchdringlich wird.

Bei der Einnahme hormoneller Verhütungsmittel kann es zu unerwünschten Nebenwirkungen kommen. Sie sind deshalb verschreibungspflichtig und dürfen wirklich nur nach Erlaubnis durch einen Frauenarzt/eine Frauenärztin eingenommen werden. Den etwaigen Gedanken, sich die Pille bei Bedarf z. B. von der Freundin besorgen zu lassen, sollte man schleunigst fallen lassen.

Mechanische Verhütungsmittel versperren den Samenzellen den Weg zur Eizelle oder verhindern die Einnistung der Eizelle in die Gebärmutterschleimhaut.

Am bekanntesten ist wohl das aus einem dünnen Gummimaterial bestehende **Kondom**, das vor dem Geschlechtsverkehr über das erigierte männliche Glied gezogen wird und den Samen auffängt. Neben der dadurch erzielten Empfängnisverhütung hat ein Kondom darüber hinaus noch einen weiteren großen Vorteil. Es bietet einen gewissen Schutz gegen Krankheitserreger (Viren, Bakterien, Pilze), die beim Koitus übertragen werden können. Kondome ermöglichen außerdem, daß sich der Mann aktiv an der Schwangerschaftsverhütung beteiligt und diese Aufgabe nicht einfach nur der Frau überläßt.

Das **Scheidenpessar** (Scheidendiaphragma) ist eine Kunststoffkappe mit federndem Außenring, die vor dem Geschlechtsverkehr in den oberen Scheidenabschnitt eingeführt wird. Die richtige Paßform muß vom Arzt ermittelt werden.

Intra-Uterin-Pessare („Spirale") sind unterschiedlich geformte Kunststoffgebilde, die vom Arzt in die Gebärmutter eingelegt werden. Die verhütende Wirkung hält zwei bis vier Jahre an. Danach muß entweder erneut eine Spirale eingesetzt oder ein anderes Verhütungsmittel benutzt werden. Intra-Uterin-Pessare führen zu einer Veränderung der Gebärmutterschleimhaut und verhindern die Einnistung einer befruchteten Eizelle.

Chemische Verhütungsmittel sollen die Abtötung der Spermien bewirken und den Muttermund abdichten, z. B. durch Schaumbildung. Sie müssen eine bestimmte Zeit vor dem Geschlechtsverkehr in die Scheide eingeführt werden. Ihre Wirksamkeit ist allerdings relativ gering. Sie kann durch Kombination mit mechanischen Mitteln erhöht werden.

Natürliche Verhütungsmethoden kommen ohne Hilfsmittel aus. Beim **Koitus interruptus** wird der Penis vor der Ejakulation aus der Scheide gezogen und der Samen außerhalb entleert. Dieses Verfahren ist allerdings sehr unsicher, da bereits vor dem männlichen Orgasmus Samenflüssigkeit abgesondert werden kann. Außerdem kann man „im Eifer des Gefechtes" den richtigen Moment leicht verpassen. Das ständige „Aufpassen" kann außerdem den Genuß an der Sache erheblich trüben. Die Verwendung eines Kondoms bietet da schon mehr Komfort und Sicherheit.

Bei **Zeitwahlmethoden** wird an den fruchtbaren Tagen der Frau auf den Geschlechtsverkehr verzichtet. Die Ermittlung der fruchtbaren und unfruchtbaren Tage kann dabei auf unterschiedliche

Weise erfolgen. Bei der **Methode nach KNAUS-OGINO** wird die fruchtbare Zeit anhand von Aufzeichnungen des individuellen Menstruationszyklus ermittelt. Sie liegt wegen der begrenzten Lebensdauer von Spermien und der unbefruchteten Eizelle einige Tage vor dem Eisprung und um den Eisprung herum. Bei einer Frau, deren Aufzeichnungen ergeben, daß sie regelmäßig alle 28 Tage menstruiert, erfolgt der Eisprung nach KNAUS und OGINO 15 Tage vor dem ersten Tag der nächsten zu erwartenden Menstruation. Diese kann aber auch mal zu einem unerwarteten Zeitpunkt einsetzten. Da man nicht in die Zukunft blikken kann, ist diese Methode sehr unsicher.

Ihre Zuverlässigkeit kann durch die **Temperatur-Methode** gesteigert werden. Dabei wird täglich unmittelbar nach dem Erwachen die Basaltemperatur (Aufwachtemperatur) gemessen. Sie steigt ein bis zwei Tage nach dem Eisprung um etwa 0,5 °C an und markiert damit den Beginn einer Reihe von unfruchtbaren Tagen. Der Temperaturanstieg wird durch die Bildung des Progesterons („Temperaturhormon") hervorgerufen.

Bei der **Sterilisation** werden durch einen operativen Eingriff die Eileiter bzw. die Samenleiter durchtrennt und verschlossen. Die Keimzellen werden zwar weitergebildet, können aber nicht mehr an den Ort der Befruchtung gelangen.

5. Entwicklung des Menschen

5.1 Befruchtung

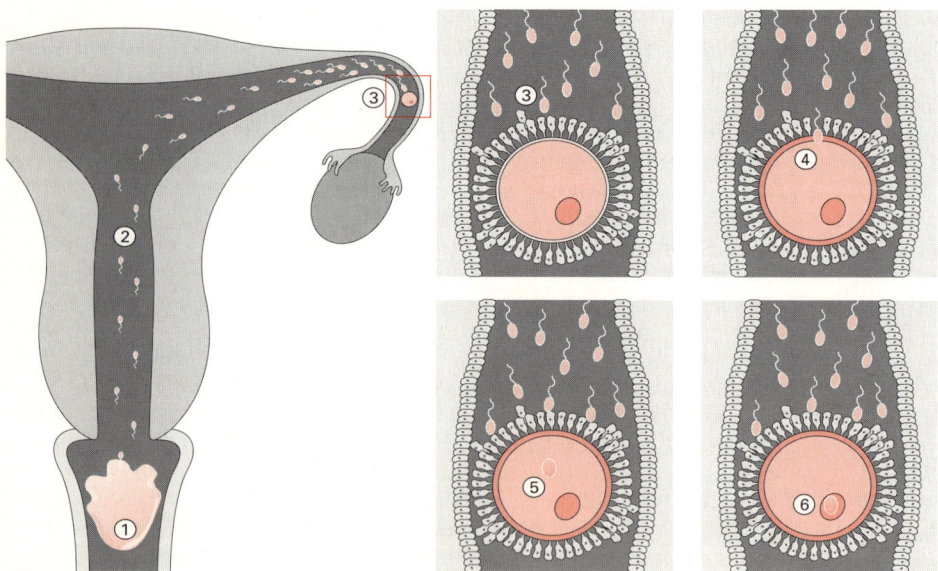

Abb. 95 Befruchtung der Eizelle

① Beim Koitus gelangen etwa 3–5 ml Sperma in die Scheide der Frau.

② Die darin enthaltenen ca. 100 bis 250 Millionen Spermien beginnen den etwa 15 cm langen Weg durch Scheide, Gebärmutter und Eileiter entlang zu schwimmen.

③ Befindet sich am Ende des Eileiters eine befruchtungsfähige Eizelle, so versuchen die ersten dort ankommenden Spermien in die Hülle aus Kranzzellen einzudringen.

④ Einer Samenzelle gelingt es schließlich, die Hülle zu durchstoßen und in die Eizelle zu gelangen. Sofort danach verändert sich die Zellhaut der Eizelle so, daß keine weiteren Spermien eindringen können.

⑤ Sobald das Kopfstück der Samenzelle in die Eizelle eingedrungen ist, wirft sie den Schwanz ab und der Kopfteil quillt auf.

⑥ Die beiden Zellkerne von Spermium und Eizelle verschmelzen miteinander. Damit ist die **Befruchtung** vollzogen. Die befruchtete Eizelle wird als **Zygote** bezeichnet.

Bereits bei der Befruchtung wird das Geschlecht des neu gezeugten Menschen festgelegt. Spermien tragen die Erbinformation in Form von 23 Chromosomen „verpackt" *(vgl. Genetikband ML 66)*. Eines davon ist das **Geschlechtschromosom**. Die Hälfte der Spermien trägt ein **X-Chromosom**, die andere ein **Y-Chromosom**. Eizellen hingegen haben stets ein X-Chromosom. Bei der Befruchtung gelangt nur ein einziges Spermium und daher auch entweder nur ein X- oder ein Y-Chromosom in die Eizelle. Die befruchtete Eizelle hat damit bezogen auf die Geschlechtschromosomen entweder die Kombination XX oder XY. XX-Zygoten entwickeln sich zu Mädchen, XY-Zygoten zu Jungen.

5.2 Entwicklung von Embryo und Fetus

Die Zygote ist die erste Zelle des neu entstehenden Menschen, der bei seiner Geburt aus Billionen Zellen bestehen wird. Bereits auf ihrer mehrtägigen Wanderung durch den Eileiter in Richtung Gebärmutter macht die Zygote die ersten Zellteilungen durch *(vgl. Abb. 96)*.

① Nach einem Tag ist das Zweizellstadium, nach zwei Tagen das Vierzellstadium erreicht.

② Durch weitere Teilungen entsteht ein Haufen dicht aneinanderliegender Zellen. Dieser „Maulbeerkeim" (Morula) hat immer noch die Größe, die auch die Zygote hatte.

③ Die nächsten Teilungsschritte führen zur Bildung einer flüssigkeitsgefüllten Hohlkugel.

④ Dieser **„Blasenkeim"** (Blastocyste) **nistet sich** etwa am 7. Tag nach der Befruchtung **in die Gebärmutterschleimhaut** ein.

⑤ Die **Hüllzellen des Blasenkeims** dienen der Ernährung, sie bilden kleine Zotten aus, die in die Gebärmutterschleimhaut hineinwachsen und aus den Blutgefäßen der Mutter die zur Ernährung notwendigen Stoffe aufnehmen.

⑥ In den **Innenraum des Blasenkeims** ragt die Keimscheibe hinein. Aus ihr entwickeln sich der Embryo und seine Hilfsorgane.

⑦ In der fünften Schwangerschaftswoche sind der entstehende Mensch und die Hilfsorgane bereits deutlich erkennbar. Der Embryo mißt jetzt 8 mm.

Nach der Einnistung bilden der Keim und die Gebärmutterschleimhaut das Schwangerschaftshormon HCG aus. Es bremst die Produktion von FSH (**F**ollikel

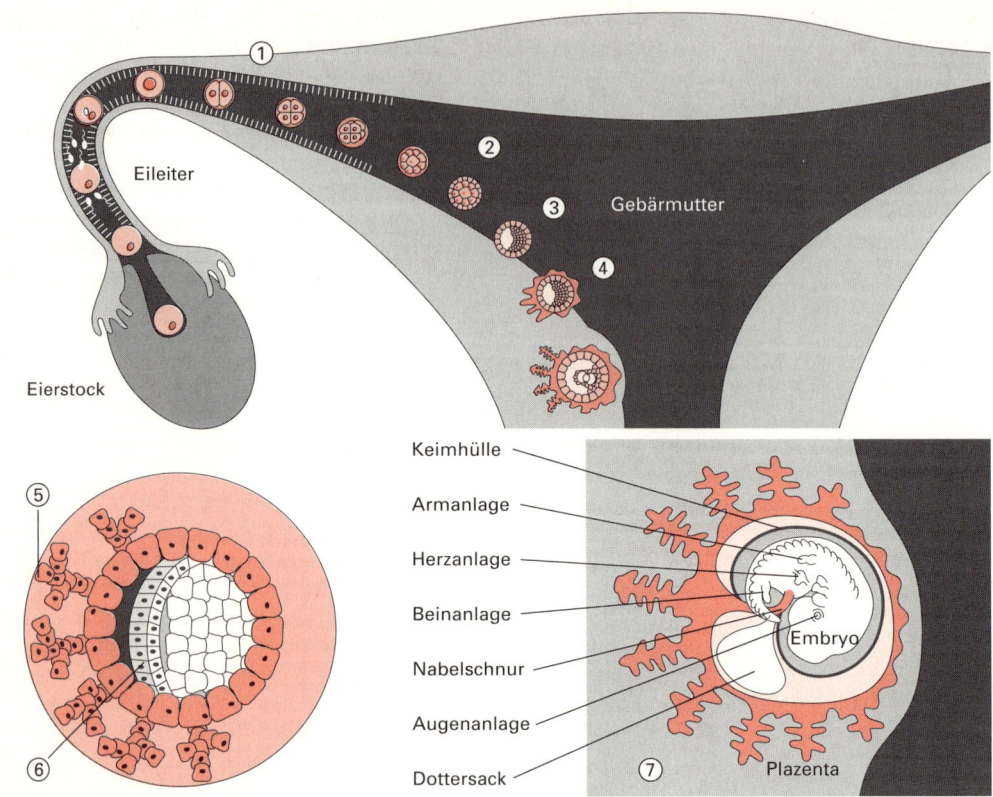

Eileiter

Gebärmutter

Eierstock

Keimhülle

Armanlage

Herzanlage

Beinanlage

Nabelschnur

Augenanlage

Dottersack

Embryo

Plazenta

Abb. 96 Entwicklung des Keims

stimulierendes **H**ormon) mit der Folge, daß sich keine neuen befruchtungsfähigen Eizellen mehr ausbilden. Zwei weitere Auswirkungen sind für die Frau bemerkbar. HCG regt nämlich auch das Wachstum der Brustdrüsen an, wodurch es zu Spannungsgefühlen in den Brüsten kommen kann, und es fördert die Bildung von Östrogen und Progesteron *(vgl. in diesem Zusammenhang auch Kap. G. 2.3)*. Die beiden letztgenannten Hormone sorgen dafür, daß die Gebärmutterschleimhaut erhalten bleibt. Die **Menstruation setzt nicht ein**. Gelegentlich kann jedoch noch eine abgeschwächte Blutung auftreten.

Vermutet die Frau, daß sie schwanger ist, dann kann sie durch einen **Schwangerschaftstest** Klarheit erlangen. Mit Teststäbchen aus der Apotheke kann überprüft werden, ob im Urin HCG enthalten ist und damit eine Schwangerschaft besteht. Etwa 12 Tage nach Ausbleiben der Menstruation ist das Hormon im Urin nachweisbar. Endgültige Gewißheit kann allerdings nur ein vom Arzt durchgeführter Test liefern.

Drei Wochen nach Ausbleiben der Regel weiß man dann mit Sicherheit Bescheid, ob ein Baby unterwegs ist. Da der Eisprung und die kurz darauf erfolgende Befruchtung etwa zwei Wochen vor der ausbleibenden Menstruation stattfinden, ist der Embryo zu diesem Zeitpunkt ca. fünf Wochen alt und steht damit noch ziemlich am Anfang seiner Entwicklung zum geburtsreifen Säugling, die insgesamt von der Befruchtung bis zur Geburt etwa 266–270 Tage dauert. Vom Standpunkt der Frau aus betrachtet, beginnt die Schwangerschaft erst mit der Einnistung des Keims in die Gebärmutter. Traditionell wird aber bei der Beschreibung einer Schwangerschaft anders gerechnet. Stellt ein Arzt bei einer Frau eine Schwangerschaft fest, so berechnet er den **wahrscheinlichen Geburtstermin** folgendermaßen: Er zählt zum ersten Tag der letzten erfolgten Menstruation zunächst sieben Tage hinzu und addiert dann neun Kalendermonate. Wenn die letzte Regelblutung beispielsweise am 17. März begann, so ergibt sich als voraussichtlicher Tag der Entbindung der 24. Dezember und die Frau kann sich auf ein „Christkindl" freuen. Zwischen dem Tag des Einsetzens der letzten Menstruation und dem errechneten Geburtstermin liegen 280 Tage oder 40 Wochen, was genau 10 Mondmonaten entspricht. Es hat sich eingebürgert, bezüglich der **Schwangerschaftsdauer** diese Daten zu benützen. Auch wir werden uns bei der Beschreibung des Schwangerschaftsablaufes an diese Zeitrechnung halten.

Um eine optimale Versorgung des Embryos sicherzustellen, dringen die Ausstülpungen des Keims, die wir oben in der Beschreibung zu Abb. 95 Zotten genannt haben, auf einer Seite immer tiefer in die Gebärmutterschleimhaut ein, wobei sie sich ständig weiter verzweigen. Schließlich entsteht der **Mutterkuchen**, ein auch als **Plazenta*** bezeichnetes „Mischorgan". An dieses ist der Embryo, der jetzt im Fruchtwasser der Fruchtblase „schwimmt", per **Nabelschnur** angeschlossen *(vgl. Abb. 97).*

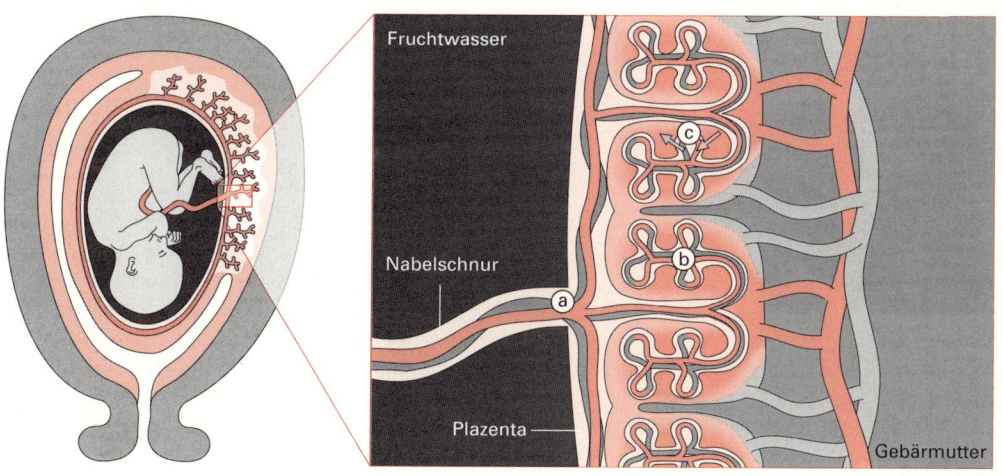

Abb. 97 Lage und Funktion der Plazenta

ⓐ Vom Blutgefäßsystem des Embryos ziehen Adern durch die Nabelschnur und münden in der Plazenta.

ⓑ Dort verästeln sie sich stark und stehen in engem Kontakt mit Verzweigungen des mütterlichen Blutgefäßsystems.

ⓒ Zwischen den beiden vollkommen voneinander getrennten Kreisläufen kommt es zu einem Stoffaustausch. Insbesondere gelangen Nährstoffe und Sauerstoff vom mütterlichen Blut in das Blut des Embryos. Abfallstoffe und Kohlendioxid gehen den umgekehrten Weg.

Auch Alkohol, Nikotin und andere Drogen sowie Arzneimittel können auf diesem Weg von der Mutter auf den Embryo übergehen, der auf diese Stoffe sehr empfindlich reagiert. Für seine Entwicklung ist es vorteilhaft, wenn die Mutter möglichst auf all diese Stoffe verzichtet.

Wie bereits gesagt, wollen wir uns bei der Beschreibung des Schwangerschaftsablaufes an die übliche Einteilung in 10 Mondmonate halten.

Der sich entwickelnde Mensch wird zunächst **Embryo** genannt. Ab dem 4. Monat (genaugenommen 12 Wochen nach der Befruchtung) wird er als **Fetus** (bzw. Fötus) bezeichnet. Das Wachstum bezogen auf Größe und Gewicht kann der Tabelle 11 entnommen werden. Dabei ist aber zu berücksichtigen, daß es hinsichtlich des Geburtsgewichtes und der Geburtsgröße starke individuelle Unterschiede gibt.

Mondmonat (Ende)	Länge von Embryo/Fetus (in cm)	Gewicht von Embryo/Fetus (in g)
2	3	1
3	9	14
4	18	108
5	25	316
6	31	630
7	37	1045
8	42	1680
9	47	2370
10	50	3400

Tab. 11 Größenentwicklung von Embryo/Fetus

Betrachten wir Abb. 98, so fällt uns auf, daß es im Verlaufe der Keimesentwicklung zu deutlichen äußeren Veränderungen kommt.

Neben den äußeren Veränderungen findet natürlich auch eine innere Ausgestaltung statt. Einige wichtige Aspekte wollen wir hervorheben.

In der vierten Woche beginnt das Herz zu schlagen. Nach einem Monat ist ein rundlicher Kopfbereich mit Augen- und Ohrenanlagen zu erkennen. Im dritten

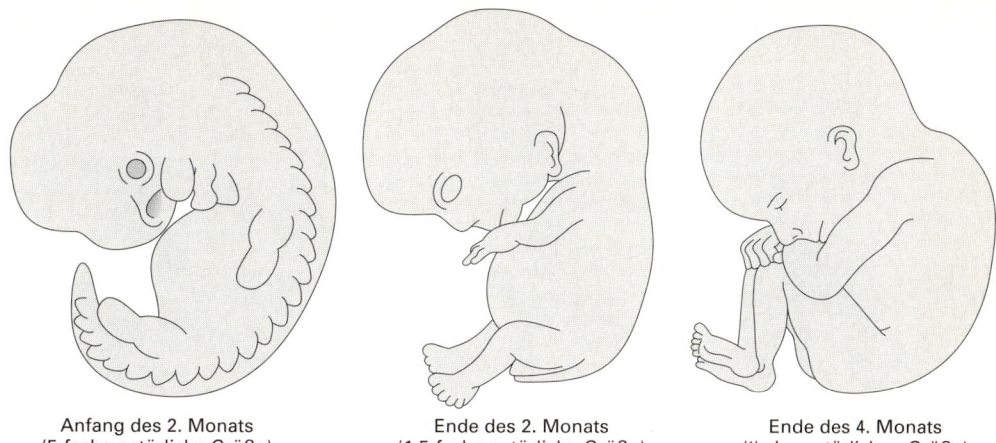

| Anfang des 2. Monats (5-fache natürliche Größe) | Ende des 2. Monats (1,5-fache natürliche Größe) | Ende des 4. Monats (⅓ der natürlichen Größe) |

Abb. 98 Menschliche Keimlinge

Monat wachsen Gehirn und Rückenmark besonders stark, und die in den Körper ziehenden Nerven beginnen sich zu entwickeln. Die Ausbildung der Geschlechtsorgane erfolgt – die Geschlechtszugehörigkeit wird erkennbar. Im vierten Monat sind die Gliedmaßen voll ausgebildet und die Gesichtszüge erkennbar. Der Fetus ist jetzt mit einem dichten Haarflaum, **Lanugo** genannt, bedeckt. Im siebten Monat erreichen die sich entwickelnden Organe ihre Funktionsfähigkeit. Das Baby hat im Falle einer Frühgeburt in einem Brutkasten gute Überlebenschancen. In den restlichen zwei Monaten werden Fettpölsterchen angelegt, und es reifen wichtige Regulationszentren im Gehirn heran.

5.3 Schwangerschaft und Geburt

Der ständig größer und schwerer werdende Embryo/Fetus beansprucht immer mehr Raum, was natürlich einen erheblichen Einfluß auf die Gestalt der Mutter hat. Einen Eindruck vom zunehmenden Platzbedarf vermittelt Abb. 99.

Die Gebärmutter und die in ihr liegende Plazenta wachsen quasi mit dem Kind mit. Etwa im vierten Monat beginnt sich der Bauch der Frau erkennbar zu runden. Im vierten oder fünften Monat verspürt die Frau zum ersten Mal deutlich die Bewegungen des Kindes. Im achten Monat beginnt der Platz im Mutterleib knapp zu werden. Die Gebärmutter drückt zunehmend auf die Blase, den Magen und die Wirbelsäule. Häufiger Harndrang, Sodbrennen und Kreuzschmerzen können die Folge davon sein. Im zehnten Monat senkt sich die Gebärmutter und die Geburt steht bevor. Zu diesem Zeitpunkt hat die Frau im Schnitt etwa 10–12 kg zugenommen. Das Kind wiegt etwa 3,5 kg. Der Rest entfällt u. a. auf die vergrößerte Gebärmutter (1 kg), die Plazenta (0,5 kg) und das Fruchtwasser in der Fruchtblase (1,5 kg).

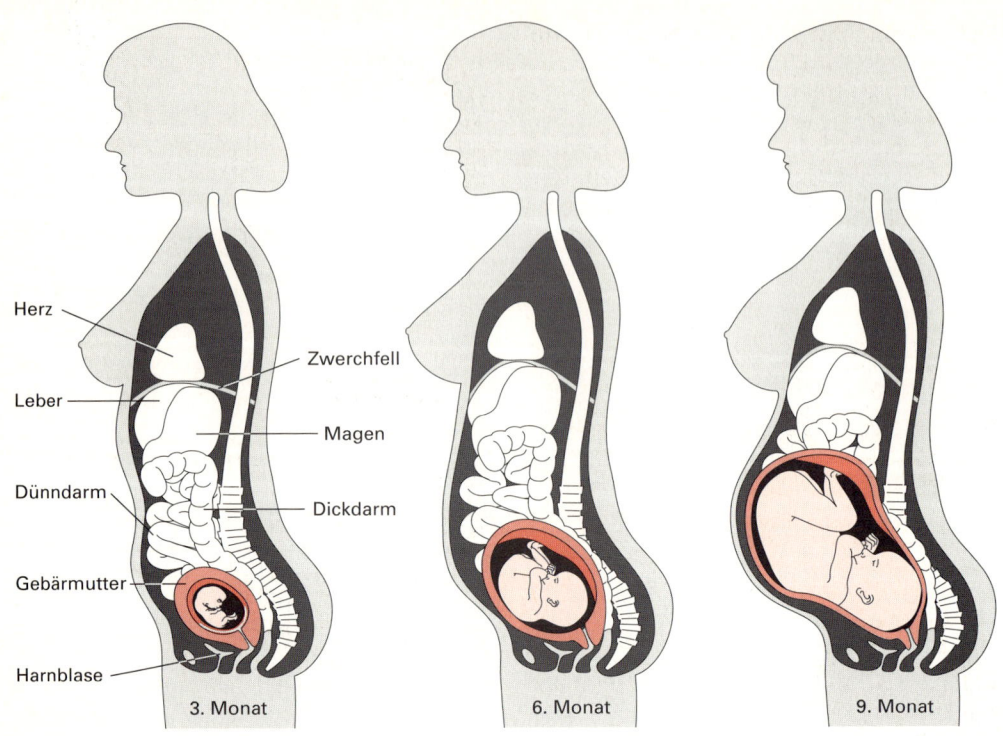

Herz — Zwerchfell
Leber — Magen
Dünndarm — Dickdarm
Gebärmutter
Harnblase

3. Monat   6. Monat   9. Monat

Abb. 99 Platzbedarf des Embryos/Fetus in der Mutter

Im Durchschnitt nach 40 Wochen geht die Schwangerschaft zu Ende. Die Frau ist neugierig auf das Baby, dessen „Turnübungen" sie seit Monaten gespürt hat. Und man könnte fast annehmen, daß auch das Baby, das jetzt soweit entwickelt ist, daß es außerhalb des Mutterleibs weiterleben kann, erwartungsvoll dem weiteren Geschehen entgegensieht. Jedenfalls liegen 96 von 100 Babys so, daß sie mit dem Kopf voran geboren werden *(vgl. Abb. 100 a)*. Abweichungen von dieser Lage erschweren die Geburt. Hormonelle Umstellungen bewirken das Zusammenziehen der Gebärmuttermuskulatur. Zunächst führen diese **Wehen** dazu, daß sich in der **Eröffnungsphase** der Muttermund öffnet, die Fruchtblase einreißt und das Fruchtwasser abläuft *(vgl. Abb. 100 b)*. Die Wehen werden heftiger und regelmäßiger. Unter Mitwirkung der Mutter, die ihre Bauchmuskeln anspannt („pressen"), wird das Baby in der **Austreibungsphase** durch den Geburtskanal gedrückt *(vgl. Abb. 100 c)*. Dessen Durchmesser ist durch die Weite der Beckenöffnung festgelegt. Ist diese zu eng, muß das Kind durch Kaiserschnitt zur Welt gebracht werden. Dabei werden unter Narkose der Bauch und die Gebärmutter im unteren Teil aufgeschnitten, und das Kind wird aus der Plazenta herausgeholt. In der dritten Phase erfolgt die **Abnabelung** des Kindes, die

Nabelschnur wird steril durchtrennt *(vgl. Abb. 100d)*. Durch weitere Wehen werden der Mutterkuchen, die Haut der Fruchtblase und der Rest der Nabelschnur als **Nachgeburt** ausgestoßen. Damit ist die Geburt abgeschlossen. Ihre Gesamtdauer beträgt bei Erstgebärenden häufig 10–12 Stunden. Bei weiteren Geburten verkürzt sich diese Zeit.

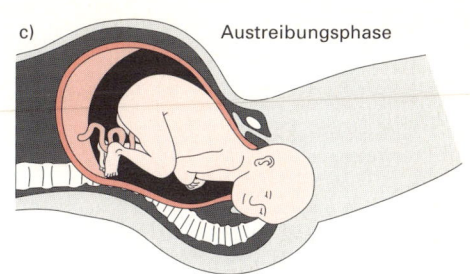

c) Austreibungsphase

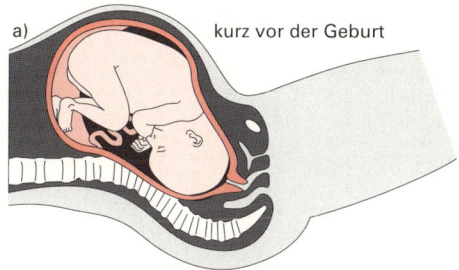

a) kurz vor der Geburt

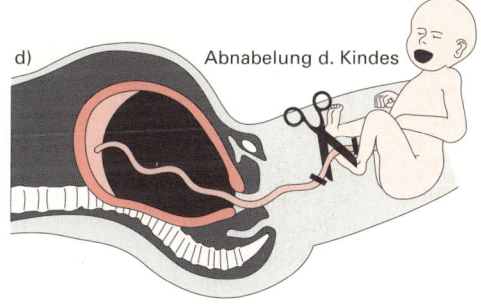

d) Abnabelung d. Kindes

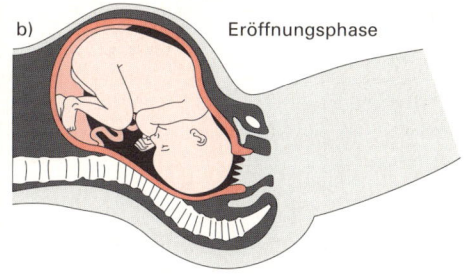

b) Eröffnungsphase

Abb. 100 Die Geburt eines Kindes

__Aufgaben G1–G12:__

G/1

Was unterscheidet primäre, sekundäre und tertiäre Geschlechtsmerkmale?

G/2

Welche Hormone werden in der Pubertät in den Keimdrüsen vor allem produziert?

G/3   Nenne die weiblichen Geschlechtsorgane.

G/4   Was geschieht beim Eisprung?

G/5   Welche Wirkung haben das Follikelhormon und das Gelbkörperhormon im weiblichen Zyklus?

G/6   Nenne die männlichen Geschlechtsorgane.

G/7   Beschreibe die Wirkungsweisen von Pille und Kondom.

G/8   Wann verändert sich die Eizellenhaut? Welchen Effekt hat diese Änderung?

G/9   Ordne folgende Begriffe in der zeitlich richtigen Reihenfolge: Fetus, Zygote, Blastocyste, Embryo, Morula.

G/10   Eine schwangere Frau nennt ihrem Arzt als ersten Tag der letzten Menstruation den 22. Mai. Welche beiden voraussichtlichen Geburtstermine kann der Arzt daraus errechnen?

G/11   Beschreibe kurz, welche Aufgaben die Plazenta erfüllt.

G/12   Was geschieht in der Eröffnungsphase und in der Austreibungsphase einer Entbindung?

H. Streß – Würze des Lebens?

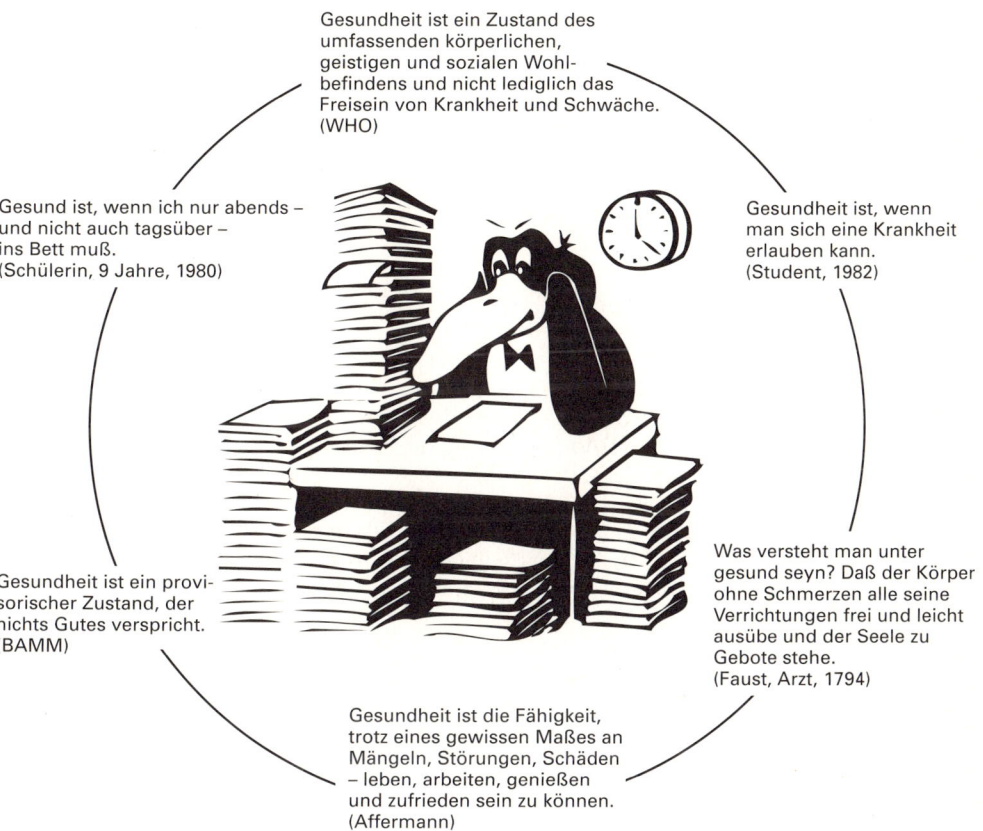

Gesundheit ist ein Zustand des umfassenden körperlichen, geistigen und sozialen Wohlbefindens und nicht lediglich das Freisein von Krankheit und Schwäche.
(WHO)

Gesund ist, wenn ich nur abends – und nicht auch tagsüber – ins Bett muß.
(Schülerin, 9 Jahre, 1980)

Gesundheit ist, wenn man sich eine Krankheit erlauben kann.
(Student, 1982)

Gesundheit ist ein provisorischer Zustand, der nichts Gutes verspricht.
(BAMM)

Was versteht man unter gesund seyn? Daß der Körper ohne Schmerzen alle seine Verrichtungen frei und leicht ausübe und der Seele zu Gebote stehe.
(Faust, Arzt, 1794)

Gesundheit ist die Fähigkeit, trotz eines gewissen Maßes an Mängeln, Störungen, Schäden – leben, arbeiten, genießen und zufrieden sein zu können.
(Affermann)

1. Streß – was ist das?

Der Begriff **Streß** ist ausgesprochen populär und gehört heute zum ganz alltäglichen Sprachgebrauch. Wir alle haben ein „Gefühl" dafür, was uns streßt und versuchen oft, bestimmte körperliche und seelische Zustände auf unser „Gestreßt-Sein" zurückzuführen. Unser Wohlbefinden, unser Empfinden für „ge-

WOCHEN-STRESS-TEST							
Kreuze die entsprechenden Felder abends an!							
Hast du	**Mo**	**Di**	**Mi**	**Do**	**Fr**	**Sa**	**So**
1. schlecht oder wenig geschlafen?							
2. dich auf dem Weg zur Schule geärgert?							
3. dich in der Schule geärgert?							
4. unter Druck arbeiten müssen?							
5. unter Lärm gelitten?							
6. mehr als 3 Gläser Cola getrunken?							
7. Zeitmangel bei den Hausaufgaben, beim Spielen, bei Hobbys gehabt?							
8. mehr als 60 Minuten ferngesehen?							
9. dich wenig bewegt?							
10. zu fett oder zu viel gegessen?							
11. viele Süßigkeiten gegessen?							
12. Probleme mit Mitschülern/Freunden gehabt?							
13. lange gearbeitet?							
14. mit Eltern, Großeltern, Geschwistern Ärger gehabt?							
15. an dir und deinen Fähigkeiten gezweifelt?							
16. Kopf-, Herz- oder Magenschmerzen gehabt?							
17. eine Arbeit geschrieben oder mündliche Prüfung gehabt?							
Jedes Kreuz, das du eingetragen hast, zählt einen Punkt!							

Tab. 12 Wochen-Streß-Test

sund sein" ganz allgemein, ist auf das engste mit diesem Zustand verbunden. Die komplizierten Abläufe, die uns zu diesem „Gefühl" – gestreßt zu sein – führen, werden wir auf den folgenden Seiten kennen- und verstehenlernen.

Prüfen wir doch einfach zunächst einmal – jeder für sich, ob und wie sehr wir überhaupt unter Streß stehen!

Auswertung: Wochen-Streß-Test

1–21 Punkte: Gratulation! Aber wo und wie lebst du eigentlich, daß du so selten unter Streß stehst? Oder gehörst du zu denen, die es nicht merken, wenn sie unter Streß stehen? Oder brauchst du sogar mehr Streß, um deine Leistung zu steigern?

22–43 Punkte: Im Vergleich zu anderen mußt du relativ wenig Streß hinnehmen. Vorsicht, damit es nicht mehr wird!

44–65 Punkte: Aufpassen! Du solltest gezielt Streß abbauen, sonst stellen sich unweigerlich Krankheiten ein!

65 und mehr: Achtung! – Besonders streßgefährdet! Lebensweise sofort ändern, unbedingt ärztlichen Rat einholen!

Häufig kann man Streß allein schon dadurch reduzieren, daß man streßbedachter und bewußter lebt. Es gibt sicher Faktoren in der Testtabelle, die bei dir zum Streß beitragen, und die du leicht verändern oder sogar ausschalten kannst. Probier's mal! Selbst kleine Veränderungen können dein Wohlbefinden schon deutlich verbessern.

In unserer modernen Leistungsgesellschaft gibt es so viele Stressoren, daß sie kaum noch alle benannt werden können. Und obwohl der Begriff „Streß" so populär ist, sind die psychischen und körperlichen Abläufe noch immer relativ unbekannt. Die Reaktionen selbst sind zu vieldimensional und uneinheitlich. Die primären psychischen und körperlichen Abläufe in Streßsituationen entziehen sich der direkten Beobachtung weitgehend. Dagegen können die sekundären Körperreaktionen recht einfach gemessen werden.

Sicher hat jeder an sich selbst schon einmal erfahren, wie ihm unter Streß „das Herz bis an den Hals schlug"; die zugrunde liegende Körperreaktion läßt sich problemlos messen und eignet sich deshalb gut als Kontrolle *(Pulsfrequenz- und Blutdruckmessung; vgl. Versuch 3, Seite 64)*. Die gewonnenen Werte lassen sich mit entsprechenden Werten in ungestreßtem Zustand vergleichen und können so als Maßeinheit für Streß gewertet werden. Die physiologischen Grundlagen werden wir in Teil H.3 genauer unter die Lupe nehmen.

Schülerin/ Schüler	systolischer/diastolischer Blutdruck in mm/Hg		Pulsfrequenz pro Min.	
	Ausgangs- wert	Belastungs- wert	Ausgangs- wert	Belastungs- wert
Alexander	100/65	115/75	62	76
Andrea	115/70	150/70	60	76
Andreas	110/65	140/80	62	70
Barbara	110/60	130/80	66	80
Claudia	105/70	125/80	72	100
Dominik	105/65	120/80	70	84
Ira	100/60	110/80	68	82
Nora	110/75	130/90	62	74
Stefan	105/70	120/80	60	72

Tab. 13 Charakteristische Blutdruck- und Pulsfrequenzmeßwerte von Schülern einer 10. Gymnasialklasse im Ruhezustand und unter Streß

2. Zum Streßbegriff

Hinter dem Begriff **Streß** verbirgt sich ein sinnvoller, lebensnotwendiger biologischer Mechanismus, was den Streßforscher SELYE veranlaßte, ihn als „universelles Lebensphänomen", als „Würze des Lebens" schlechthin zu bezeichnen.

Das Wort stammt aus dem Englischen und bedeutet ursprünglich: Anspannung, Verzerrung, Verbiegung; das ebenfalls englische Wort „Distreß" hingegen Qual, Elend, Not.

Alle Faktoren, die Streß erzeugen, werden als **Stressoren** bezeichnet. Darunter versteht man alle physischen und psychischen Belastungen des Organismus, wie Hitze, Kälte, körperliche Schwerstarbeit, Gefahren aller Art, Krankheiten, Verletzungen, Schmerzen, Operationen, Lärm, Schreck, Ehrgeiz, schlechte Gerüche, Zeitdruck, falsche Ernährung, Unruhe, Ruhe, Verkehr, Alter, Ängste, Leistungsdruck, Dichte, optische Reize, Ärger, Prestigedenken usw.

Gleichgültig, ob Stressoren aus der Umwelt kommend auf den Körper einwirken oder aus dem Körper selbst stammen (Schmerzen, Ängste etc.), lösen sie im Körper zunächst **spezifische Reaktionen** aus. Auf Verletzungen zum Beispiel reagiert der Körper mit Wundverschluß, auf einen Angriff mit Verteidigung; diese Reaktionen des Körpers sind auf die Art der Reize abgestimmt und deshalb spezifisch.

Zusätzlich kommt jedoch bei all diesen Reizen eine **unspezifische Reaktion** hinzu: die Streßreaktion.

Alarmreaktion	Phase des Widerstandes	Phase der Erschöpfung
Vor einem Bürogebäude in einer Großstadt wird mit dem U-Bahn-Bau begonnen!		
In den ersten Tagen reduziert der extreme Baulärm die normale Widerstandskraft (-fähigkeit) gegenüber Umweltreizen und gegenüber besonderen Anforderungen erheblich. Alle werden nervös und gereizt. Fehler bei der Arbeit nehmen deutlich zu.	Allmählich passen sich alle den neuen Bedingungen an, erreichen wieder fast ihre alte Leistungsfähigkeit; allerdings unter erhöhtem Kraftaufwand.	Die Reserven für den erhöhten Kraftaufwand sind unterschiedlich groß. Der eine ermüdet früher, der andere später. Dauert der Zustand zu lange an, kommt es zu Erkrankungen. Leidet man nicht wie hier unter Lärm, sondern unter Verletzungen etc., kann in der Erschöpfungsphase der Tod eintreten.

Hoher

Normaler

Geringer

Widerstand

im Extremfall: Tod

| Stressoren führen zur Schwächung der Widerstandskraft. | Durch Veränderung wichtiger Körperfunktionen erfolgt eine Anpassung des Körpers. Die Widerstandskraft wird über den Normalwert erhöht. | Die Stressoren wirken so lange, bis der Körper irreparable Schädigungen erlitten hat. Es treten erneut Anzeichen der Alarmreaktion auf, im Extremfall tritt der Tod ein. |

Tab. 14 Der Ablauf des allgemeinen Adaptationssyndroms (Anpassungssyndrom)

Besonders in Gefahrensituationen war die **Streßreaktion** stammesgeschichtlich gesehen ein wichtiges Mittel, um dem Feind zu entkommen bzw. selbst anzugreifen. Die Streßreaktion ist also ein biologisch sinnvoller Mechanismus des Körpers, der sich während der menschlichen Evolution herausgebildet hat, um in Gefahrensituationen zu überleben, und damit ist er arterhaltend.

Das Problem in der **heutigen Zeit** besteht darin, daß der Streßmechanismus, der sich in der ursprünglichen Umwelt der Menschen (Zeit der Sammler und Jäger) entwickelt hat, zur heutigen Umwelt und der jetzigen Form unseres Lebens nicht mehr paßt: So ist etwa bei einem Streit weder Flucht noch Angriff eine adäquate Reaktion.

Die **Streßreaktion** stellt grundsätzlich einen Versuch dar, den Körper an Belastungen aller Art anzupassen. Sie ist somit im biologischen Sinne lebenserhaltend. Sie zielt immer darauf ab, dem Körper Energien für Bewegungen zur Verfügung zu stellen und erhöht damit die Leistungsbereitschaft. Der Körper ist auf Bewegung programmiert. Werden die bereitgestellten Energien nicht adäquat abgebaut, kann es leicht zu „Distreß-Schäden" kommen *(vgl. Teil H.4)*.

Beobachtet man Menschen, die sich in Streßsituationen befinden, so lassen sich ihre Reaktionen in drei Phasen gliedern: die Alarmreaktion, die Phase des Widerstandes und die Phase der Erschöpfung. SELYE hat diesen Ablauf als **allgemeines Adaptationssyndrom** bezeichnet *(vgl. Tab. 14)*.

Von SELYE wurde der Begriff **Distreß** eingeführt, um die negative Form des Streßes eindeutig von der „nützlichen Form", dem sogenannten **Eustreß**, zu unterscheiden. Oft werden die Begriffe „Distreß" und „Streß" synonym verwendet.

Wird unser Körper wiederholt und kurzfristig in Alarmbereitschaft versetzt und fehlt die Möglichkeit zur Umsetzung in körperliche Aktivitäten welcher Art auch immer, so kommt es unweigerlich zu Distreß-Phänomenen; gesundheitliche Schäden sind die unabwendbare Folge *(vgl. Teil H.4)*.

3. Die Streß-Reaktion

Der Ablauf der normalen Streß-Reaktion kann an folgendem Beispiel sehr anschaulich und einprägsam verdeutlicht werden: Ein Steinzeitmensch liegt in der Savanne an einem Lagerfeuer, plötzlich hört er ein knackendes Geräusch und nimmt einen Schatten wahr. Beide Wahrnehmungen wirken als Stressoren und lassen etwa folgende Reaktionen ablaufen:

Blitzschnell steigert er seine Aufmerksamkeit, die mögliche Gefahr wird lokalisiert, er springt auf, ergreift seinen Speer, stürmt davon und sucht einen Ort auf, an dem er sich sicher fühlt. Er hat ein Gefühl der Angst, sein Herzschlag ist beschleunigt („er hat Herzklopfen"), sein Puls steigt stark an und Schweiß bricht aus. All dies sind Reaktionen, die jeder von uns schon selbst in Schrecksituationen erfahren und durchlebt hat.

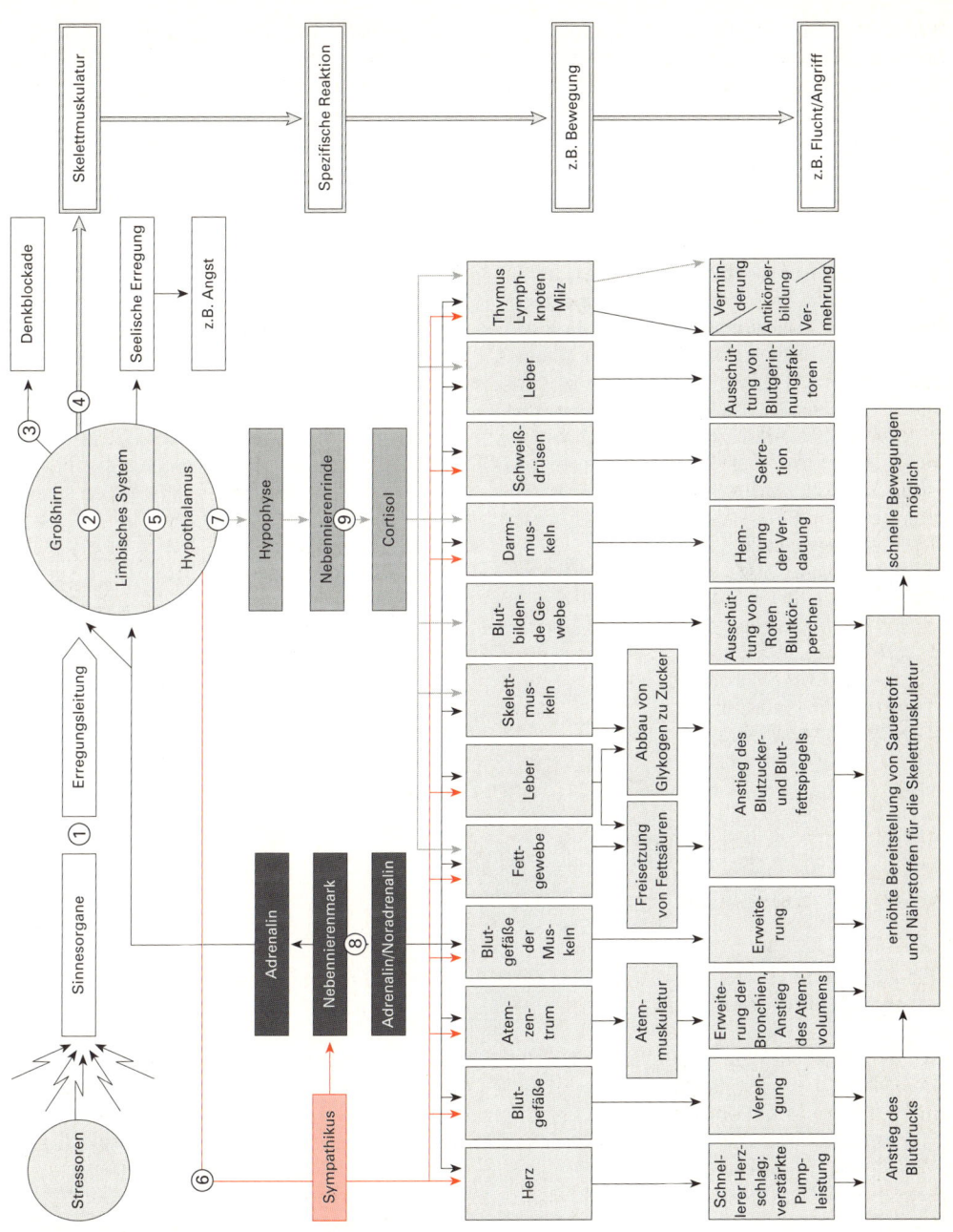

Abb. 101 Ablauf einer Streßreaktion

Besonders die Veränderungen der Blutdruckwerte und die starke Beschleunigung des Pulses lassen sich relativ leicht messen *(vgl. Tab. 13 und Versuch 3, S. 64)*. Auch das durch den Schweiß bedingte Absinken der Hauttemperatur läßt sich mit einem geeigneten Thermometer direkt verfolgen.

Die beschriebenen Veränderungen beruhen alle auf einer raschen **Abfolge nervöser und hormoneller Impulse** im Organismus, die darauf abzielen, Kreislauf und Stoffwechsel „anzuheizen", um ihn für Reaktionen vorzubereiten, die es dem Menschen ermöglichen, mit ungeahnter Kraft und Schnelligkeit Gefahrensituationen zu meistern *(vgl. Abb. 101)*.

3.1 Vorgänge im Zentralen Nervensystem

Die von **Stressoren** ausgehenden **Reize** lösen in den entsprechenden **Sinnesorganen** Erregungen aus *(vgl. Abb. 101, ①)*, die als elektrische Impulsfolgen über **Nervenbahnen** zum **Großhirn** geleitet, dort ausgewertet und als Stressoren erkannt werden. Der Stressor wird „bewußt", d. h. der Mensch wird aufmerksam. Im Gehirn selbst laufen nun mehrere Reaktionen ab: Die Erregung erreicht relativ schnell das **Limbische System** ②, denjenigen Großhirnteil, der für seelische Empfindungen zuständig ist, und ruft dort z. B. Angstgefühle hervor.

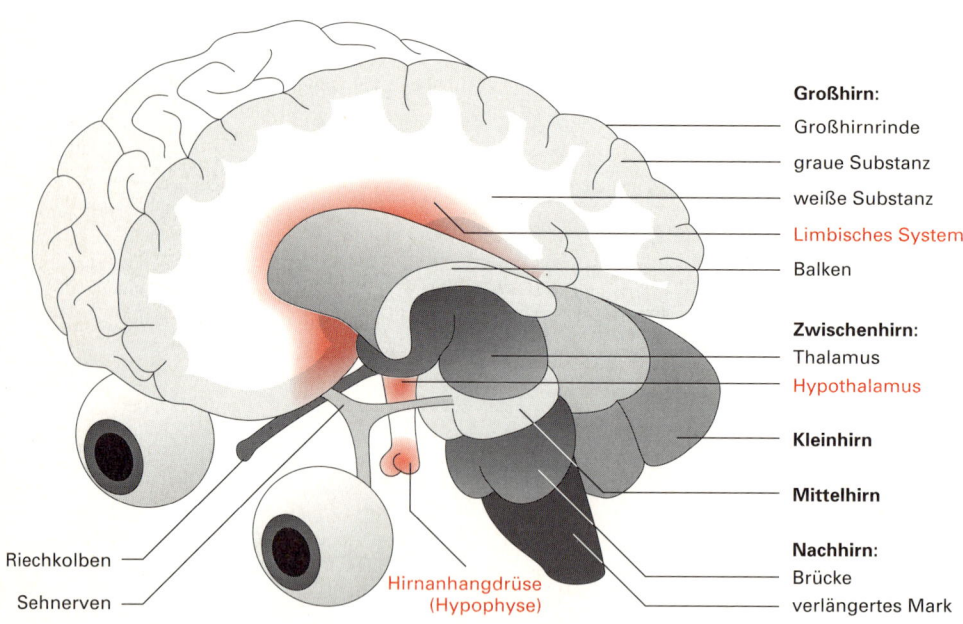

Großhirn:
Großhirnrinde
graue Substanz
weiße Substanz
Limbisches System
Balken

Zwischenhirn:
Thalamus
Hypothalamus

Kleinhirn

Mittelhirn

Nachhirn:
Brücke
verlängertes Mark

Riechkolben
Sehnerven
Hirnanhangdrüse
(Hypophyse)

Abb. 102 Gehirnaufbau schematisch (die bei der Streßreaktion wichtigen Teile sind hervorgehoben)

Die starke Erregung des Gehirns erzeugt eine **Denkblockade** ③. Die Denkblockade verhindert jedes Nachdenken, denn das wäre bei unmittelbarer Gefahr eine Zeitvergeudung. Der Mensch kann schnell und quasi automatisch reagieren.

Nun laufen zwei getrennte Reaktionen ab: die **spezifische** und die **unspezifische Reaktion** auf den Stressor.

Die spezifische Reaktion ④. Vom Großhirn werden über Nervenbahnen diejenigen **Muskeln** aktiviert, die für eine spezifische Reaktion auf den konkreten Stressor hin sinnvoll sind. Die nachfolgende Reaktion ist von den bisherigen Erfahrungen abhängig und fällt deshalb auch sehr unterschiedlich aus: als Flucht oder als Angriff.

Die unspezifische Reaktion. Ganz anders und immer in gleicher Weise läuft die unspezifische Reaktion ab. Über das **Zwischenhirn** wird der **Hypothalamus**, das übergeordnete Steuerzentrum, gereizt ⑤. Der Hypothalamus aktiviert einerseits den **sympathischen Teil** des **Vegetativen Nervensystems** ⑥, andererseits über chemische Informationsüberträger die **Hypophyse** ⑦.

Was nun bei dieser unspezifischen Reaktion, der Streß-Reaktion im eigentlichen Sinne, durch das Vegetative Nervensystem und das Hormonsystem im Organismus genauer passiert, wird in den folgenden Abschnitten beschrieben.

3.2 Vorgänge im Vegetativen Nervensystem

An den Enden der sympathischen Nerven wird als Überträgersubstanz **Noradrenalin** frei; dieses bewirkt bei den verschiedenen Organen unterschiedliche Reaktionen – entsprechend der Wirkungsweise des Sympathicus als Leistungsnerv *(im Gegensatz zum Parasympathicus als Erholungsnerv; vgl. Kap. E.1.3)*: Das Herz wird zu einer Steigerung der Schlagfrequenz angeregt; im Gefäßsystem wird mehr Blut für die arbeitende Muskulatur und weniger für die Verdauungsorgane, die Haut und die Schleimhäute bereitgestellt; die Bronchien werden erweitert und das Atemvolumen wird erhöht; der Stoffwechsel wird auf erhöhte Leistung umgestellt, Körperwärme und Blutzuckerwerte steigen an; bei den Verdauungsorganen werden die Drüsensekretion und die Muskelbewegungen der Magen-Darm-Wände gehemmt; die Bauchspeicheldrüse wird auf geringere Insulinproduktion eingestellt; die Schilddrüse wird angeregt; die Speicheldrüsen produzieren weniger Spei-

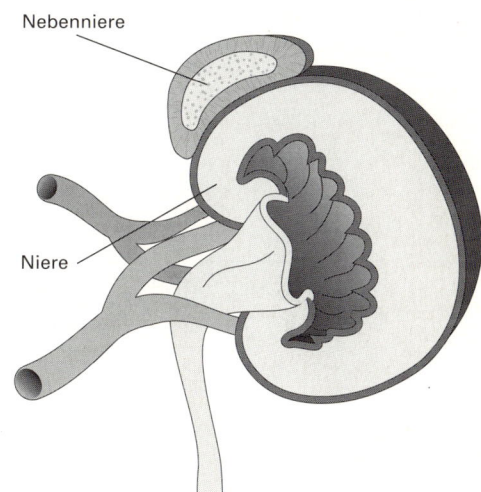

Nebenniere

Niere

Abb. 103 Niere und Nebenniere (bestehend aus Nebennierenrinde und Nebennierenmark; zusammen ca. 10 g schwer, in Form und Größe einem gebogenen kleinen Finger entsprechend)

chel; die Pupillen erweitern sich und die **Nebennieren** werden veranlaßt, verstärkt das Hormon **Adrenalin** ins Blut freizusetzen *(vgl. Abb. 65, 101 und 103)*.

3.3 Vorgänge im Hormonsystem

Adrenalin wird durch das Blut im gesamten Körper verteilt und unterstützt im wesentlichen die Wirkungen des Sympathicus *(vgl. Abb. 101, ⑥ und ⑧)*: Die Blutgefäße, mit Ausnahme der Blutgefäße der Muskeln, werden verengt; das Herz wird weiter angeregt, Schlagvolumen und Frequenz zu steigern. Beides führt zu einem erhöhten Blutdruck und einer vergrößerten Umlaufgeschwindigkeit des Blutes *(vgl. Kap. B)*.

Hormone, Sauerstoff und Nährstoffe werden also schneller transportiert. Die Atmung wird über das Atemzentrum *(vgl. Kap. C)* gesteigert. Die Haarbalgmuskeln kontrahieren, was zum Aufrichten der Haare führt (Vergrößerung des Körperumrisses).

Die Schweißdrüsen werden zur erhöhten Schweißsekretion veranlaßt. Dadurch wird einerseits dem Blut vermehrt die bei der Muskelarbeit anfallende Milchsäure entzogen, andererseits wird durch die Verdunstung eine Überhitzung des Körpers verhindert. Die Darmmuskulatur wird entspannt und damit die Verdauung gehemmt.

Außerdem bewirkt Adrenalin im Fettgewebe und der Leber die Freisetzung von Fettsäuren und in der Skelettmuskulatur

Entstehungsort	Hormone	Wirkungen
Hirnanhangsdrüse (Hypophyse)	verschiedene Hormone	steuert sämtliche Hormondrüsen, aktiviert u. a. die Nebennierenrinde
Schilddrüse	Thyroxin	kontrolliert den Grundumsatz
Bauchspeicheldrüse	Insulin und Glucagon	regulieren den Blutzuckerspiegel
Nebennierenmark	Adrenalin	wirkt erregend auf den Sympathicus; verstärkt die Herztätigkeit; vermindert die Magen-/Darmtätigkeit; erhöht die Zuckerausscheidung ins Blut *(vgl. Abb. 101)*
Nebennierenrinde	Cortisol	sichert die Energieversorgung; hemmt das Abwehrsystem *(vgl. Abb. 101)*

Tab. 15 Wirkungsweisen von Hormonen, die an der Streßreaktion beteiligt sind

und in der Leber den Abbau von Glykogen zu Zucker. Dadurch steigen die Blutzucker- und Blutfettwerte an; der Muskulatur stehen genügend Stoffe zur Energiegewinnung zur Verfügung.

Im Gehirn bewirkt Adrenalin eine gesteigerte Aufmerksamkeit und starke Erregungen, die häufig mit Angstgefühlen gekoppelt sind.

Der Hypothalamus aktiviert nicht nur das Vegetative Nervensystem und damit über den Sympathicusnerv das Nebennierenmark. Er aktiviert auch gleichzeitig über die **Hypophyse** *(vgl. Abb. 101, ⑦)* die **Nebennierenrinde**, die nun ihrerseits verstärkt **Cortisol** ausschüttet ⑨. Cortisol schaltet sich in den Stoffwechsel ein. Es wirkt im Fettgewebe, der Leber und in den Skelettmuskeln ähnlich wie Adrenalin: Die blutbildenden Organe

werden veranlaßt, vermehrt rote Blutkörperchen auszuschütten (besserer Sauerstoff- und Kohlenstoffdioxidtransport). In der Leber werden vermehrt Blutgerinnungsfaktoren gebildet. In den Geweben wirkt Cortisol entzündungshemmend – durch diese „Maßnahmen" werden bei eventuellen Verletzungen Wunden schnell verschlossen und Entzündungen blockiert. Die Antikörperbildung in Thymusdrüse, Lymphknoten und Milz wird hingegen gehemmt. Verdauungsprozesse und Sexualfunktionen werden weitgehend ausgeschaltet, so daß in Streßsituationen möglichst die gesamte Energie für Bewegung bereitsteht.

Cortisol führt im Körper zu **Anpassungsreaktionen** an den Einfluß von Stressoren und bewirkt so eine Erhöhung der Widerstandskraft *(vgl. Allgemeines Adaptationssyndrom)*.

4. Distreß-Schäden

Distreß wurde schon 1926 von SELYE erstmals als **„Syndrom des Krankseins schlechthin"** beschrieben: „Ganz gleich, ob jemand sehr viel Blut verlor, eine Infektionskrankheit oder gar fortgeschrittenen Krebs hat, er verliert in jedem Fall seinen Appetit, seine Muskelkraft und seinen Tatendrang, gewöhnlich nimmt der Patient auch rapide ab, selbst sein Gesichtsausdruck verrät, daß er krank ist" *(SELYE, 1977)*.

Das folgende Schaubild versucht, ohne ausführliche Erklärungen die wesentlichen Zusammenhänge zwischen den körperlichen Reaktionen bei anhaltendem Distreß und den davon abzuleitenden, mittlerweile auch medizinisch weit-

gehend anerkannten Krankheitsbildern herzustellen *(vgl. Abb. 104)*.

Eine Distreßbewältigung ist von der jeweiligen Konstitution des Organismus abhängig. Welche Krankheiten durch chronischen Streß begünstigt werden, hängt entscheidend davon ab, **auf welche Weise** Streßsituationen **bewältigt** werden. Je nach Reaktionsweise unterscheidet man zwei Typen:

– Versucht jemand Streßsituationen aktiv durch Handeln unter Kontrolle zu bringen, wird über den Sympathicus und das Nebennierenmark die Freisetzung von **Adrenalin** aktiviert. Dieser sogenannte **aktive Streß** steht im Verdacht, zur Entstehung von Arterio-

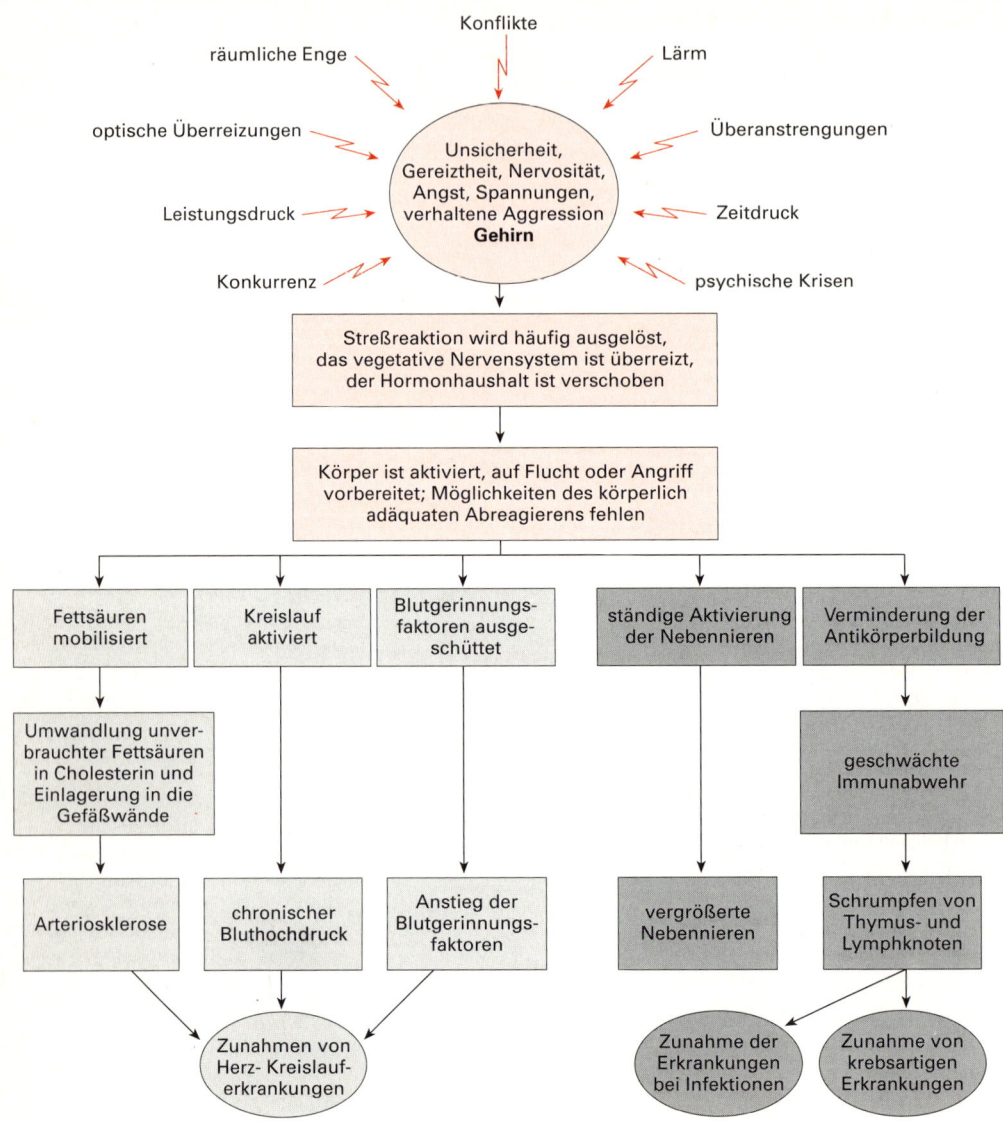

Abb. 104 Krankheitsbilder und Entstehung von Distreßschäden

sklerose* und Erkrankungen des Herz-Kreislauf-Systems beizutragen.

– Bei Personen, die die Kontrolle über die Situation verlieren und unsicher und hilflos reagieren, wird über die Hypophyse und die Nebennierenrinde die Freisetzung von **Cortisol** aktiviert. Dieser sogenannte **passive Streß** steht in Verdacht, Erkrankungen zu begünstigen, die durch eine Schwächung des Immunsystems zustande kommen: Infektionskrankheiten aller Art und Krebs.

Personen des ersten Reaktionstypes werden auch als Typ A (Eselsbrücke: A wie Adrenalin-Typ), Personen des zweiten Reaktionstypes als Typ C (C wie Cortisol-Typ) bezeichnet

5. Streß in der Schule

Ich will nicht in die Schule.
Ich trau mich nicht.
Ich kann das ja doch nie.
Ich scheiß auf alles.

Besonders in den Abschlußklassen erfährt jeder von euch mehr und mehr Streß am eigenen Körper: Herzklopfen, Schweißausbrüche, Denkblockaden vor und während Klassenarbeiten, Schwindelgefühle etc. gehören fast schon zum Schulalltag. Man kann jedoch darauf oft nicht adäquat reagieren, da die ablaufenden Reaktionsketten im Körper verborgen sind.

Streß als spezielles Problem in der Schule ist mittlerweile allgemein anerkannt; so wirken neben psychologischen Faktoren wie Leistungsdruck, Ehrgeiz etc. auch Stressoren wie:

– häufig wechselnde Klassenräume,
– häufiges Wechseln in andere Gruppen oder Kurse,
– großer Lärm in der Schule oder in konkreten Lernsituationen,
– ungenügende Schallisolation bzw. ungünstige Lage der Schule selbst (besonderes Problem in den Städten),
– räumliche Enge durch zu große Klassen und zu kleine Räume,
– uneinheitliche Klassen und Kurse,
– optische Überreizungen (nicht gesäuberte Tafeln, überplakatierte Klassenraumwände, Überangebot an audiovisuellen Medien in einer Unterrichtsstunde).

Abb. 105 Symbolische Lehrer-Schüler-Interaktion

Schüler und Lehrer werden so bewußt oder unbewußt gestreßt und stressen sich darüber hinaus gegenseitig und untereinander auf vielfältige Weise *(vgl. Abb. 105)*.

Da sich Streßsituationen addieren, d. h. viele kleine Stressoren zu einer immer unerträglicheren Gesamtsituation führen, wird das Lernen in der Schule durch Streßfaktoren maßgeblich behindert.

Ein Patentrezept wäre zu schön, um wahr zu sein. Auch wir haben es nicht! Vielleicht hilft ja unser kleines Buch, zumindest im Fach Biologie den Schulstreß zu reduzieren. Dann hätte es mehr bewirkt als so manche viel umfangreichere Abhandlung und Lebenshilfe.

H/1

Teste dein Wissen!

Aufgabe:

Bei den nachfolgenden Fragen sind die richtigen Antwortvorgaben anzukreuzen; in allen Fällen ist nur eine Antwort richtig.

1. An welchen Körperreaktionen kann man erkennen, daß man sich in einer Streßsituation befindet?
   a) Herzklopfen, erhöhte nervliche Anspannung, Ermüdungserscheinungen
   b) innere Unruhe, Muskellockerung, Gereiztheit
   c) erhöhte nervliche Anspannung, erhöhte Reaktionsbereitschaft, Herzklopfen

2. Was soll durch die bei Streß auftretenden Körperreaktionen bewirkt werden?
   a) Mobilisierung aller Energien, Ausgeglichenheit, Einstellung auf Gefahrensituationen
   b) Freisetzung außergewöhnlicher Kräfte, Einstellung auf Gefahrensituationen, Mobilisierung von Körperreserven
   c) durchdachtes Handeln, starke seelische Ausgeglichenheit, Freisetzung außergewöhnlicher Kräfte

3. Weshalb kann man die Streßreaktion als ursprünglich und natürlich bezeichnen?
   a) weil man sich dadurch in einer Flucht- oder Kampfsituation vorsichtig verhält

b) weil man bei einer Flucht oder einem Kampf Körperreserven abbaut

c) weil der Körper dadurch gezielt auf Gefahrensituationen eingestellt ist

d) weil man häufig in Gefahrensituationen kommt

4. Welche drei Hormone sind an der Auslösung der Streßreaktion beteiligt?
   a) Adrenalin, Insulin und Thyroxin
   b) Adrenalin, Noradrenalin und Cortisol
   c) Cortisol, Insulin und Noradrenalin

5. Wo werden die streßauslösenden Hormone gebildet?
   a) in Leber und Nebennieren
   b) in Schilddrüse und Gehirn
   c) in Gehirn und Nebennieren

6. Wie läßt sich Streß abreagieren?
   a) durch körperliche Betätigung
   b) durch verbale Kommunikation
   c) durch starkes Rauchen und Trinken

H/2

Aufgabe:

Bei den nachfolgenden Fragen sind die richtigen Antwortvorgaben anzukreuzen; es können mehrere Antworten richtig sein.

1. Durch das Einwirken des Sympathicus werden:
   a) die Atmung beschleunigt, der Blutdruck erhöht, die Blutgefäße verengt
   b) die Schweißdrüsentätigkeit vermehrt, die Verdauung gehemmt, die Blutgefäße der Muskeln erweitert
   c) der Blutzucker vermehrt, die Magentätigkeit gehemmt, die Atmung verlangsamt

2. Die drei Phasen des Allgemeinen Adaptationssyndroms heißen:
   a) Vorphase, Alarmreaktion, Stadium der Erschöpfung
   b) Stadium der Erschöpfung, Alarmreaktion, Stadium des Widerstandes
   c) Anpassungsphase, Alarmreaktion, Widerstandsphase
   d) Erholungsphase, Anpassungsphase, Vorphase

Quellenverzeichnis

Abb.	Fundstelle
3	verändert nach Bongers (1989), S. 27
4	verändert nach Schmidt/Thews (1993), S. 652
7	verändert nach Bongers (1989), S. 44
12	verändert nach Westermann Verlag (1992), S. 52
15	Copyright Boehringer Ingelheim International GmbH, Foto Lennart Nilsson; aus: Eine Reise in das Innere unseres Körpers, Rasch und Röhring Verlag
16	verändert nach Bongers (1989), S. 53
21	aus Lawn/Vehar (1986), S. 57; mit freundlicher Genehmigung der Bowman Gray School of Medicine, Wake Forest University
23	verändert nach Cornelsen Verlag (1993), S. 37
24	verändert nach Cornelsen Verlag (1993), S. 37
31	verändert nach Schäffler/Schmidt (1993), S. 272
32	Copyright Boehringer Ingelheim International GmbH, Foto Lennart Nilsson; aus: Der Mensch, Geo Verlag
33	verändert nach Schäffler/Schmidt (1993), S. 274
34	verändert nach Markworth (1983), S. 155
36	verändert nach Schäffler/Schmidt (1993), S. 279
42	verändert nach Schäffler/Schmidt (1993), S. 294
45	verändert nach Thews/Mutschler/Vaupel (1991), S. 233
75	verändert nach Klinke (1987), S. 89
84a	aus Schober/Rentschler (1972), S. 65
84c	verändert nach Klinke (1987), S. 71
85	verändert nach Bauer (1990), S. 101
98	verändert nach Mörike (1991), S. 18–45
102	verändert nach KLEINERT (1982), S. 66
103	dto., S. 38
106	dto., S. 39

Tab.	Fundstelle
Tab. 1	verändert nach Förster (1980), S. 89
Tab. 6	aus Hamm (o. J.), S. 18
Tab. 12	verändert nach KLEINERT (1982), S. 69
Tab. 13	dto., S. 53

Mentor Lernhilfe
Band 64
Biologie

Lösungsteil zu Humanbiologie

Von Reiner R. Kleinert,
Wolfgang Ruppert, Franz X. Stratil

A. Ernährung

A/1 (S. 11)
Den höchsten Energiegehalt besitzen Nahrungsmittel, die hauptsächlich aus **Fett** bestehen, wie Butter, Margarine, Mayonnaise, fette Wurst (z. B. Salami), Kartoffel-Chips, Vollmilchschokolade, Nüsse.

A/2 (S. 12)
Der tägliche Grundumsatz eines 70 kg schweren Mannes beträgt 6720 kJ oder 1680 kcal (4 kJ oder 1 kcal × 24 Stunden × 70 kg).

A/3 (S. 15)
Bedarf = persönliches Körpergewicht in kg × 0,8 g
Beispiel: Gewicht 75 kg; Bedarf: 75 × 0,8 g = 60 g Protein.

A/4 (S. 31)
a) b) 1 Mundhöhle, 2 Mundspeicheldrüsen, 3 Speiseröhre, 4 Magen, 5 Leber, 6 Gallenblase, 7 Bauchspeicheldrüse, 8 Zwölffingerdarm, 8 Dünndarm, 10 Dickdarm.
c)

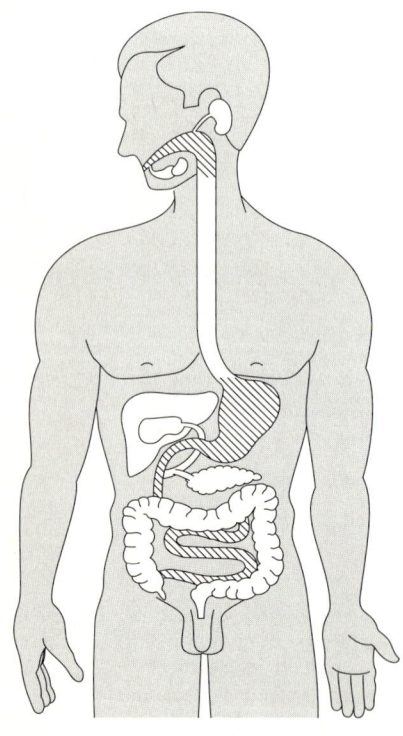

A/5 (S. 34)
Die Hypophyse setzt daraufhin ebenfalls ein Hormon frei, das die Wasserdurchlässigkeit der Harnkanälchen verringert. Dem Primärharn wird dann weniger Wasser entzogen, der Harn wird weniger konzentriert und die Harnmenge größer.

A/6 (S. 36)
$$BMI = \frac{63 \, kg}{(1,72 \, m)^2} = 21,3$$

A/7 (S. 38)
Der tägliche Energieumsatz ergibt sich aus dem Grundumsatz (abhängig von Körpergewicht, Alter und Geschlecht) und dem Leistungsumsatz (abhängig vom Ausmaß der körperlichen Betätigung).

A/8 (S. 38)
Kohlenhydrate werden hauptsächlich im Energiestoffwechsel verwertet, Fette im Bau- und Energiestoffwechsel, Proteine vor allem im Baustoffwechsel, nur bei überschüssiger Aufnahme im Energiestoffwechsel.

A/9 (S. 38)
Die biologische Wertigkeit gibt an, wieviel Gramm Körpereiweiß durch 100 g Nahrungseiweiß ersetzt werden können. Sie hängt vom relativen Anteil der essentiellen Aminosäuren ab.

A/10 (S. 38)
Die Nährstoffe sind viel zu groß, passen also nicht durch die Dünndarmwand. Sie müssen zuerst in ihre kleineren Bausteine zerlegt werden.

A/11 (S. 38)
Enzyme sind die Katalysatoren unseres Stoffwechsels. Sie beschleunigen chemische Reaktionen durch ihre bloße Anwesenheit. Sie werden nicht verändert und sie verbrauchen sich dabei auch nicht. Sie arbeiten nach dem Schlüssel-Schloß-Prinzip, d. h. sie katalysieren nur eine ganz bestimmte chemische Reaktion an einer ganz bestimmten Substanz.

A/12 (S. 38)
Die meisten Vitamine und Mineralstoffe sind an Stoffwechselreaktionen beteiligt; sie unterstützen die Tätigkeit der Enzyme.

A/13 (S. 38)
Wir können pflanzliche Cellulose nicht verdauen, weil wir kein Verdauungsenzym für Cellulose besitzen. Positive Wirkungen der Cellulose: vergrößerte Sättigungswirkung, verkürzte Darmpassagezeit.

A/14 (S. 38)
Überernährung führt zu Störungen des Energiegleichgewichts. Die Energiezufuhr ist größer als der Energieverbrauch. Die überschüssigen energiereichen Nährstoffe werden dann in Form von Depotfett gespeichert. Übergewicht beruht in der Regel auf solchen Fettdepots.

A/15 (S. 38)
Bei Übergewicht sprechen die Körperzellen schlecht auf Insulin an; sie werden unempfindlich. Die

Bauchspeicheldrüse versucht, über eine Steigerung der Insulin-Freisetzung den Blutzuckerspiegel doch noch zu senken. Das führt – bei entsprechender erblicher Veranlagung – zur Erschöpfung der Insulin-Herstellung. Der Blutzuckerspiegel steigt nach jeder Mahlzeit dramatisch an. Dadurch kommt es zu krankhaft erhöhter Zuckerausscheidung mit dem Urin.

B. Blut und Blutkreislauf

B/1 (S. 43)
Etwa 3 Millionen! Rechnung: $\dfrac{250\ 000\ 000\ 000}{(24 \times 60 \times 60)}$

B/2 (S. 51)
Person 1 hat Blutgruppe A, weil die Verklumpung bei Seren mit Anti-A erfolgt. Person 2 hat Blutgruppe B, weil die Verklumpung bei Seren mit Anti-B erfolgt. Person 3 hat Blutgruppe AB, weil die Verklumpung bei Seren mit Anti-A und Anti-B erfolgt. Person 4 hat Blutgruppe 0, weil überhaupt keine Verklumpung erfolgt.

B/3 (S. 57)
70 Schläge/min × 70 ml/Schlag = 4,9 Liter/min

B/4 (S. 66)
– Transport von Nährstoffen, Vitaminen und Mineralstoffen vom Dünndarm zu den Zellen;
– Sauerstofftransport von den Lungen zu den Zellen;
– Transport von Abfallstoffen von den Zellen zu den Ausscheidungsorganen (Lungen, Haut, Nieren);
– Wärmetransport;
– Transport von Hormonen;
– Flüssigkeitsaustausch;
– Abwehr von Krankheitserregern.

B/5 (S. 66)
– Die roten Blutkörperchen (Erythrocyten) transportieren Sauerstoff von den Lungen zu den Zellen und Kohlendioxid von den Zellen zu den Lungen.
– Die weißen Blutkörperchen (Leukocyten) sind an der Abwehr von Krankheitserregern beteiligt.
– Die Blutplättchen (Thrombocyten) sind an der Blutgerinnung beteiligt.

B/6 (S. 66)
1. Blutstillung: Anheftung von Blutplättchen an die Wundränder und Verengung des Blutgefäßes.
2. Blutgerinnung: Bildung von Fibrin-Fäden und Vernetzung der Blutzellen zu einem Blutkuchen.

B/7 (S. 66)
– Universalspender: weil bei Blutgruppe 0 die roten Blutkörperchen keine Blutgruppen-Antigene tragen, gegen die sich die Antikörper anderer Blutgruppen richten könnten.
– Kein Universalempfänger: weil sich bei Blutgruppe 0 im Plasma Antikörper gegen A und B befinden, würden die Blutkörperchen aller anderen Blutgruppen verklumpen.

B/8 (S. 66)
Das linke Herz pumpt das von der Lunge kommende, sauerstoffreiche Blut in die Körperarterie, die es auf alle Organe verteilt. In den Organen gibt das Blut Sauerstoff ab und nimmt Kohlendioxid auf. Durch die Körpervene fließt das Blut zum rechten Herz, das es in die Lungenarterie pumpt. In der Lunge gibt das Blut Kohlendioxid ab und nimmt Sauerstoff auf. Durch die Lungenvene fließt das Blut wieder dem linken Herz zu.

B/9 (S. 66)
– Die Arterien sind mehrschichtige, dickwandige, vom Herz wegführende Gefäße, in denen das Blut zu den Organen gelangt.
– Die Venen sind ebenfalls mehrschichtige, etwas dünnwandigere Gefäße, die das gesammelte Blut wieder dem Herz zuführen.
– Die Kapillaren sind extrem dünnwandige Haargefäße im Übergangsbereich von Arterien und Venen, in denen der Stoff- und Gasaustausch stattfindet.

B/10 (S. 66)
Durch Ventile. Im Herz sorgen die Segelklappen dafür, daß das Blut nicht aus den Kammern in die Vorhöfe zurückfließt, und die Taschenklappen an den Ausgängen der Kammern verhindern den Rückfluß aus den Schlagadern. In den Venen sorgen ebenfalls Taschenklappen für die richtige Fließrichtung.

C. Atmung

C/1 (S. 69)
Vor allem fällt die Reinigung der Atemluft weg, so daß Krankheitserreger leichteres Spiel haben. Auch die Erwärmung der Atemluft ist schlechter. Lediglich die Befeuchtung bleibt erhalten.

C/2 (S. 72)
Bei ausgiebigem Lachen werden die Muskeln der Bauchdecke in hoher Frequenz rhythmisch kontrahiert. Das stellt eine ungewöhnliche Belastung dar, die zu Muskelkater führen kann.

C/3 (S. 76)
a) Atemzüge in den ersten 30 sec: 6
   Atemzüge in den letzten 30 sec: 16
b) Atemzugvolumen in den ersten 30 sec: 600 ml
   Atemzugvolumen in den letzten 30 sec: 900 ml
c) Atemzeitvolumen Anfang: 12 × 600 ml = 7,2 l/min
   Atemzeitvolumen Ende: 32 × 900 ml = 28,8 l/min
   Das Atemzeitvolumen hat sich vervierfacht.
d) Entweder der abnehmende Sauerstoffgehalt oder der zunehmende Kohlendioxidgehalt der Atemluft.

C/4 (S. 77)
Der einzige Stoffwechselvorgang, für den unser Körper Sauerstoff benötigt, ist die „Verbrennung" (Oxidation) der Nährstoffe zur Energiegewinnung.

C/5 (S. 77)
Durch die Lungenbläschen beträgt die innere Oberfläche der Lungen fast 100 m². Die Austauschfläche ist dadurch gewaltig vergrößert.

C/6 (S. 77)
Atemzugvolumen: 0,5 Liter; Vitalkapazität: 5 Liter. Diese Reserve wird bei körperlicher Belastung genutzt, wenn der Sauerstoffbedarf des Körpers zunimmt. Durch ein vergrößertes Atemzugvolumen können – in Verbindung mit einer gesteigerten Atemfrequenz – bis zu 100 Liter Luft pro Minute ein- und ausgeatmet werden.

C/7 (S. 77)
Kohlendioxidreiches, sauerstoffarmes (dunkles) Blut wird von der rechten Herzkammer in den Lungenkreislauf gepumpt. Während der Passage um die Lungenbläschen gibt das Blut das Kohlendioxid ab und nimmt gleichzeitig Sauerstoff auf. Sauerstoffreiches, kohlendioxidarmes (helles Blut) gelangt über die Lungenvenen zum linken Herzen und wird von dort in den Körperkreislauf gepumpt. Die treibende Kraft für den Gasaustausch zwischen Lungenbläschen und Lungenkapillaren ist ihr unterschiedlicher Gehalt an Sauerstoff und Kohlendioxid. Der Sauerstoffgehalt in der eingeatmeten Luft ist höher als im ankommenden Blut. Umgekehrt ist der Kohlendioxidgehalt im ankommenden Blut höher als in der eingeatmeten Luft.

D. Stabilität und Bewegung

D/1 (S. 89):
Schädel, Wirbelsäule, Brustkorb, Schultergürtel, Beckengürtel, oberes und unteres Gliedmaßenskelett.

D/2 (S. 89):
29 Schädelknochen; 28–32 Wirbelknochen; 25 Knochen des Brustkorbs; 6 Beckenknochen; 60–62 Armknochen; 60 Beinknochen.
Die Addition ergibt, daß das menschliche Skelett aus 208–214 Knochen besteht.

D/3 (S. 90):
20–25% Wasser
25–30% organische Substanz: v. a. eiweißartige faserige Substanzen
50% anorganische Substanz: darunter 86% Calciumphosphat und 10% Calciumcarbonat („Kalk")

D/4 (S. 90):
Skizze wie Abb. 49 (S. 82). Beschriftung: Gelenkkopf, Gelenkpfanne, Knorpel, Gelenkspalt, Gelenkschmiere, Gelenkkapsel, Gelenkbänder.

D/5 (S. 90):
Kugelgelenk: z. B. Schultergelenk
Eigelenk: z. B. Handgelenk
Sattelgelenk: z. B. Grundgelenk des Daumens

D/6 (S. 90):
Skelettmuskeln arbeiten rasch und mit großer Leistung, ermüden aber schnell.
Eingeweidemuskeln arbeiten langsam, sind aber sehr ausdauernd.

D/7 (S. 90):
Eine Muskelfaser bildet zusammen mit anderen Muskelfasern ein Muskelfaserbündel und ist aus Muskelfibrillen aufgebaut.

D/8 (S. 90):
Die Dehnung eines kontrahierten Muskels kann auch durch äußere Kräfte erfolgen.
Beispiele:
Ein ausgestreckter Arm wird durch die Schwerkraft wieder nach unten gezogen.
Ein angewinkeltes Bein wird von einem Partner in gestreckte Position gezogen.

E. Nervensystem und Hormonsystem

E/1 (S. 99):
Sind die im Rückenmark längs verlaufenden Nervenfasern durchtrennt, so können keine Nervensignale vom Gehirn in die unterhalb der Durchtrennungsstelle gelegenen Körperteile gelangen. Vom Gehirn gesteuerte Bewegungen können deshalb nicht mehr ausgeführt werden.
Reflexe werden unabhängig vom Gehirn durch das Rückenmark selbst gesteuert. Die dafür benötigten Nervenbahnen bleiben bei einer Durchtrennung des Rückenmarks bestehen und können – nach Abheilung der Verletzung – wieder in Funktion treten.

E/2 (S. 101):
a) Vom Sympathicus werden in ihrer Funktion gefördert:
Skelettmuskulatur, Lunge, Herz
b) Vom Parasympathicus werden in ihrer Funktion gefördert:
Speicheldrüsen, Magen, Bauchspeicheldrüse, Nieren, Darm, Enddarm, Blase, Genitalien.

E/3 (S. 101):
Bei vollem Magen ist der Körper auf Verdauung eingestellt. Der Parasympathicus fördert dabei u.a. die Durchblutung des Magens. Den Skelettmuskeln hingegen wird Blut entzogen und Herz und Lunge werden in ihrer Tätigkeit gedrosselt.
a) Das Baden sollte unter diesen Bedingungen tatsächlich vermieden werden.
b) Sportliche Anstrengungen sollten direkt nach dem Essen unterbleiben, da der Körper nicht darauf eingestellt ist. Leichte Bewegung, die nicht anstrengt, kann hingegen den Verdauungsprozeß durchaus fördern.

E/4 (S. 105):
Je größer die in das Auge fallende Lichteinstrahlung ist, um so mehr verengt sich die Pupille. Je stärker sich die Pupille verengt, um so weniger Licht kann in das Auge gelangen.
Je kleiner die in das Auge fallende Lichteinstrahlung ist, um so weniger verengt sich die Pupille.
Je weniger sich die Pupille verengt, um so mehr Licht kann in das Auge gelangen.

E/5 (S. 107):
Die Gesamtblutmenge eines Menschen beträgt etwa 7–8% seines Körpergewichts. 7–8% von 80 kg sind 5,6–6,4 kg. Die Blutmenge des 80 kg schweren Mannes beträgt demnach etwa 6 l.
In 100 ml Blut sind 100 mg Traubenzucker enthalten. 6 l sind die sechzigfache Menge von 100 ml. In 6 l Blut sind demnach 60 × 100 mg = 6000 mg = 6 g Traubenzucker enthalten.

E/6 (S. 107):
Dendriten und Axon sind Fortsätze, die aus dem Zellkörper einer Nervenzelle entspringen. Die Dendriten sind meist zahlreicher und stark verästelt. Das Axon ist ein einzelner Fortsatz, der recht lang sein kann. An seinen Endverzweigungen befinden sich die Synapsen.

E/7 (S. 107):
Großhirn, Kleinhirn, Zwischenhirn, Stammhirn. Die Regelung der Körpertemperatur erfolgt im Hypothalamus (Zwischenhirnabschnitt).

E/8 (S. 107):
Die weiße Substanz besteht aus Nervenfasern, die graue aus Nervenzellkörpern. Für die Leitung zuständig ist demnach die weiße Substanz.

E/9 (S. 107):
Sympathicus und Parasympathicus werden Gegenspieler genannt, weil beide Systeme auf gegensätzliche Weise auf ein Organ einwirken. Wenn der Symphaticus auf ein bestimmtes Organ aktivierend wirkt, so wirkt der Parasympathicus hemmend und umgekehrt.

E/10 (S. 107):
Thyroxin in der Schilddrüse, Adrenalin in den Nebennieren und Insulin in der Bauchspeicheldrüse.

F. Sinne

F/1 (S. 115):
Beim Übergang in die Naheinstellung fällt die Krümmung der Linse durch die mangelnde Elastizität schwächer aus. Sehr nahe Gegenstände können nicht mehr scharf abgebildet werden.

F/2 (S. 118):
In diesem Fall wird der fixierte Gegenstand nicht wahrgenommen, da im Gelben Fleck keine lichtempfindlichen Stäbchen vorhanden sind. Wenn man im starken Dämmerlicht einen Gegenstand sehen will, dann darf man ihn nicht fixieren, sondern muß an ihm vorbeischauen. Probiere das mal aus!

F/3 (S. 122):
Die Kalkablagerungen führen dazu, daß das runde Fenster seine Elastizität verliert. Es kann sich nicht mehr bewegen. Dadurch können auch keine Druckwellen mehr durch das ovale Fenster auf die Lymphflüssigkeit übertragen werden, denn die Flüssigkeit läßt sich nicht zusammenquetschen, sondern bewegt sich nur, wenn sie ausweichen kann. Das Innenohr ist quasi stillgelegt.

F/4 (S. 125):
Mit Mechanorezeptoren arbeiten Gehörsinn, Gleichgewichtssinn, Schmerzsinn und Tastsinn.

F/5 (S. 125):
Formen der Fehlsichtigkeit sind Kurzsichtigkeit, Weitsichtigkeit und Altersweitsichtigkeit.
Brillen mit Zerstreuungsgläsern können die Kurzsichtigkeit korrigieren. Die Linsen mit konavem Schliff weiten den Strahlengang vor dem Auge auf. Die Ebene der scharfen Abbildung verschiebt sich dadurch nach hinten und trifft die Netzhaut des Augapfels, der ja im Falle der Kurzsichtigkeit „in die Länge gezogen" ist.

F/6 (S. 125):
In der Nacht sind die farbempfindlichen Zapfen maximal in die Netzhaut eingesenkt. Die lichtempfindlichen Stäbchen hingegen sind maximal „ausgefahren". Diese Einstellung erlaubt nur ein Sehen in Schwarzweiß.

F/7 (S. 125):
Außenohr, Mittelohr und Innenohr.

F/8 (S. 125):
a) Die Schwingungen der Luftmoleküle werden auf das Trommelfell übertragen. Dessen Bewegungen werden durch die drei Gehörknöchelchen (Hammer, Amboß und Steigbügel) auf die Membran des ovalen Fensters übertragen.
b) Durch die unterschiedliche Größe von Trommelfell und ovalem Fenster und durch die Hebelwirkung der Gehörknöchelchen kommt es zu einer Kraftverstärkung.

G. Fortpflanzung

G/1 (S. 147):
Primäre Geschlechtsmerkmale, wie z. B. Scheide oder Penis, lassen sich bereits beim Kleinkind erkennen.
Sekundäre Geschlechtsmerkmale, wie z. B. Brüste oder Bartwuchs, bilden sich in der Pubertät aus.
Tertiäre Geschlechtsmerkmale sind z. B. Unterschiede in der Körpergröße oder von kulturellen Einflüssen abhängige Dinge wie unterschiedliche Bekleidung.

G/2 (S. 147):
Die Eierstöcke eines Mädchens produzieren vor allem Östrogene, die Hoden eines Jungen vorwiegend Testosteron.

G/3 (S. 148):
Eierstöcke, Eileiter, Gebärmutter, Scheide, Schamlippen, Kitzler

G/4 (S. 148):
Die Hülle des Follikels platzt auf und das Ei wird durch die auslaufende Flüssigkeit ausgeschwemmt.

G/5 (S. 148):
Das Follikelhormon sorgt für den Aufbau der Gebärmutterschleimhaut und fördert die Ausschüttung des Hypophysenhormons LH.

Das Gelbkörperhormon sorgt für den Umbau der Gebärmutterschleimhaut und bereitet sie auf die Einnistung eines Keims vor. Darüber hinaus bremst es die Ausschüttung von LH.

G/6 (S. 148):
Hoden, Nebenhoden, Samenleiter, Harnsamenröhre, Vorsteherdrüse (Prostata) und Penis

G/7 (S. 148):
Die Pille enthält eine Mischung aus Östrogenen und Progesteronen. Diese Hormone bewirken in erster Linie, daß die Follikelreifung und der Eisprung unterbleiben (Ovulationshemmung).
Kondome fangen bei der Ejakulation den Samen auf und haben dadurch eine empfängnisverhütende Wirkung. Außerdem bieten sie einen gewissen Schutz gegen Infektionskrankheiten, die beim Koitus übertragen werden können.

G/8 (S. 148):
Die Eizellenhaut verändert sich nach dem Eindringen einer Samenzelle so, daß keine weiteren Samenzellen eindringen können.

G/9 (S. 148):
Zygote, Morula, Blastocyste, Embryo, Fetus.

G/10 (S. 148):
Ist der 22. Mai der erste Tag der letzten Regelblutung, errechnet der Arzt als voraussichtlichen Geburtstermin den 1. März (22. Mai plus 7 Tage plus neun Kalendermonate). Handelt es sich beim Geburtsjahr allerdings um ein Schaltjahr, so kann er den 29. Februar angeben.

G/11 (S. 148):
Die Plazenta dient der Versorgung des Embryos. In ihr stehen Adern des Embryos in engem Kontakt mit Adern des mütterlichen Gefäßsystems. Zwischen den beiden vollkommen voneinander getrennten Kreisläufen kommt es zu einem Stoffaustausch. Insbesondere gelangen Nährstoffe und Sauerstoff vom mütterlichen Blut in das Blut des Embryos. Abfallstoffe und Kohlendioxid gehen den umgekehrten Weg.

G/12 (S. 148):
In der Eröffnungsphase führen Wehen dazu, daß sich der Muttermund öffnet, die Fruchtblase einreißt und das Fruchtwasser abläuft.
In der Austreibungsphase wird durch heftigere Wehen und unter Mitwirkung der Mutter, die ihre Bauchmuskeln anspannt („pressen"), das Baby durch den Geburtskanal gedrückt.

H. Streß

H/1 (S. 162):
Folgende Antworten sind richtig: 1 c; 2 b; 3 c; 4 b; 5 c; 6 a

H/2 (S. 163):
Folgende Antworten sind richtig: 1 a und b; 2 b und c

Lösungen zu den Versuchen (soweit noch nicht im Text behandelt)

Kapitel A

Versuch 1 (S. 23):
Bei zugehaltener Nase können wir keine Unterschiede feststellen, da der besondere „Geschmack"
eines Nahrungsmittels erst durch die Informationen der Riechsinneszellen entsteht.

Versuch 2 (S. 26):
Es bilden sich kleine weiße Flöckchen. Das sind die geronnenen Milchproteine.

Kapitel D

Versuch 6 (S. 85):
Z. B. Handgelenk: Wenn man seinen Unterarm ausgestreckt nach vorne hält, kann man sich davon
überzeugen, daß man die Hand nach oben/unten und nach links/rechts schwenken kann. Eine
Drehbewegung aus dem Handgelenk heraus ist nicht möglich. Dies zeigt sich, wenn man den
Unterarm so fest hält, daß er sich nicht selbst drehen kann.
In diesem Stil kannst du sicherlich die möglichen Bewegungen an den anderen genannten
Gelenken ausprobieren und beschreiben.

Versuch 7 (S. 85):
a) Aus dem gebeugten Zustand heraus läßt sich das Bein nicht nur strecken, sondern zusätzlich
   ist eine geringe Drehbewegung um die Längsachse des Unterschenkels möglich.
b) Wird das Bein ausgestreckt nach vorne gehalten, so ist hingegen nur eine Beugebewegung
   möglich.

Kapitel F

Versuch 10 (S. 111):
Bei einem bestimmten Abstand wird auf dem Papier ein verkleinertes und auf dem Kopf stehen-
des Bild des betrachteten Objekts abgebildet.

Versuch 11 (S. 113):
In einer bestimmten Entfernung verschwindet der Vogel im Käfig, da sein Abbild auf den Blinden
Fleck der Netzhaut fällt.
Für das linke Auge muß man die Abbildung „auf den Kopf stellen" und ansonsten analog verfah-
ren.

Versuch 12 (S. 114):
Im Fall a) erscheint der Bleistift, im Fall b) erscheinen die entfernten Gegenstände unscharf.

Versuch 13 (S. 117):
Die Pupille des Auges ist im Dämmerlicht weit geöffnet. Beim Auftreffen des hellen Lichtkegels
verengt sie sich rasch. Bei erneuter Abdunklung erweitert sie sich wieder.

Versuch 14 (S. 118):
Bei der Beobachtung des sich schnell drehenden Kreisels hat man den Eindruck, daß eine neue
Farbe entsteht.
Beispiel: Ist der Kreisel z. B. mit gelben und roten Farbtupfern oder -streifen versehen, so entsteht
beim sich schnell drehenden Kreisel der Farbeindruck Orange.

Literaturverzeichnis

Bauer, E.: Biologie 10, Berlin 1990

Bongers, G. (Hrsg.): Biologie des Menschen, Stuttgart 1989

Brockhaus Enzyklopädie, 19. Auflage, Mannheim 1986–1994

Bruggaier, W./Kallus, D.: Einführung in die Biologie des Menschen, Frankfurt am Main 1976

Cornelsen Verlag (Hrsg.): Biologie 3, Berlin 1993

Deutsche Gesellschaft für Ernährung (Hrsg.): Ernährungsbericht 1980, Frankfurt 1980

Eiff, A. W. v.: Seelische und körperliche Störungen durch Streß, Stuttgart 1976

Ellenberger, W.: Ganzheitlich kritischer Biologieunterricht, Berlin 1993

Förster, H.: Die Fettsucht – Probleme und Therapie, in: Medizin in unserer Zeit, 3/1980, S. 82–96

Hamm, M.: Dick durch Diät?, München o. J.

Hedewig, R.: Streß, Unterricht Biologie, Heft 42, Streß, Velber, 1980

Kleinert, R.: Streß – Würze des Lebens?, Naturwissenschaften im Unterricht Biologie, Themenheft 8, 2/1982, Köln 1982

Klinke, R.: Der Wahrnehmungsapparat, in: Funkkolleg Psychobiologie, Studienbegleitbrief 4, Weinheim/Basel 1987, S. 67–107

Lawn, R. M./Vehar, G. A.: Molekulargenetik der Bluterkrankheit, in: Spektrum der Wissenschaft, 5/1986, S. 56–63

Lindemann, H.: Anti-Streß-Programm, München 1974

Markworth, P.: Sportmedizin, Reinbek b. Hamburg 1983

Milupa AG (Hrsg.): Mein Kind von der Schwangerschaft bis ins Kleinkindalter, Friedrichs-dorf/Taunus 1980

Mörike, K./Betz/Mergenthaler: Biologie des Menschen, 13. Auflage, Heidelberg 1991

Osram, R. F.: Biology of Living Systems, Columbus, Ohio 1976

Pudel, V./Westenhöfer, J.: Ernährungspsychologie, Göttingen 1991

Rosemann, H.: Kinder im Schulstreß, Frankfurt 1978

Schäffler, A./Schmidt, S. (Hrsg.): Mensch, Körper, Krankheit, Neckarsulm 1993

Schmidt, R. F.: Medizinische Biologie des Menschen, München 1983

Schmidt, R. F./Thews, G. (Hrsg.): Physiologie des Menschen, 25. Auflage, Berlin 1993

Schober, H./Rentschler, J.: Optische Täuschungen in Wissenschaft und Kunst, 1972

Selye, H.: Streß, Hamburg 1977

Thews, G./Mutschler, E./Vaupel, P.: Anatomie, Physiologie, Pathophysiologie des Menschen, 4. Auflage, Stuttgart 1991

Thorwarth, A.: Stopp dem Streß, Stuttgart 1977

Vester, F.: Phänomen Streß, Stuttgart 1976

Westermann Verlag (Hrsg.): Bio 3, Braunschweig 1992

Winkel, G.: Humanethologie und Schulorganisation, Köln 1979

Glossar

Adaptation von lat. adaptare = anpassen

adäquat von lat. adaeque = nahezu gleich

Adipositas lat. Fettsucht, Fettleibigkeit, Bezeichnung für die übermäßige Vermehrung und Vergrößerung von Fettzellen

agglutinieren von lat. agglutinare = anheften

Akkommodation lat. Anpassung

Alkmaion von Kroton: griechischer Arzt und Philosoph; lebte Ende des 6. Jh. v. Chr.; Schüler des Pythagoras; stellte erstmals anatomische Studien an (Sektionen) und erkannte die zentrale Bedeutung des Gehirns

Antagonist von gr. antagónistés = Kämpfer, Streiter

Arterien von gr. artēría = Schlagader; Bezeichnung für alle Blutgefäße, die das Blut vom Herzen wegleiten

Arteriosklerose: von gr. artēría = Schlagader, Ader; sklerínein = verhärten. Ablagerung von Fetten, Eiweißen und Mineralstoffen führt zu Abnahme des Gefäßdurchmessers (Arterienverkalkung). Folgen: mangelhafte Sauerstoffversorgung der Gewebe, Gefahr eines Verschlusses durch ein Blutgerinnsel.

Atrium lat. Vorhof, Bezeichnung für die Vorkammern des Herzens

Bluttransfusion lat. Blutübertragung

Bronchien lat. bronchia, gr. brógchia = Bezeichnung für die beiden Luftröhrenäste

Corpus luteum von lat. corpus = Körper; luteus = gelb

Diabetes mellitus von gr. dia-baínein = überschreiten, durchschreiten, lat. mellitus = honigsüß; Bezeichnung für die Zuckerkrankheit

Diastole gr. diastolé = Ausdehnung; Bezeichnung für die Erweiterung der Herzkammern

diffundieren von lat. diffundere, diffusum = sich verbreiten

Elektrokardiogramm (Abk. EKG) von gr. kardía = Herz, gr. grámma = Buchstabe, Geschriebenes, Darstellung; Bezeichnung für die grafische Aufzeichnung der Aktionsströme des Herzens

Embolie von gr. embállein = hineinlegen; Bezeichnung für die Verstopfung eines Blutgefäßes durch Gerinnsel

endokrin von gr. éndon = innen, drinnen, inwendig; krínein = trennen

Erektion von lat. erectus = aufgerichtet

Erythrocyten von gr. erythrós = rot, rötlich; Bezeichnung für die roten Blutzellen

exokrin von gr. éxo = außen, außerhalb; krínein = trennen

Exspiration von lat. exspirare = herausblasen, aushauchen

Granula, Granulocyten von lat. granulum = Körnchen

Hämoglobin von gr. haīma = Blut und lat. globus = Kugel; Bezeichnung für den roten Blutfarbstoff in den → Erythrocyten

Hippokrates: bedeutendster Arzt des griechischen Altertums, 460 bis 377 v. Chr.; vertrat die Säftelehre; Gesundheit beruht danach auf der richtigen Mischung, Krankheit auf einer fehlerhaften Zusammensetzung der vier sogenannten Kardinalsäfte. Im Hippokratischen Eid sind die ethischen Pflichten des Arztes festgelegt.

Hormone von gr. hormān = in Bewegung setzen, antreiben

Hypertonie von gr. hypér = über, oberhalb, gr. tónos = Spannung; Bezeichnung für Erhöhung des Blutdrucks auf Werte über 140 mm Hg (→ Systole) und 90 mm Hg (→ Diastole)

Hypotonie von gr. hypó = unter, unterhalb; Bezeichnung für Senkung des Blutdrucks unter Werte von 100–110 mm Hg (Systole) und 60 mm Hg (Diastole)

Immunglobuline (Abk. Ig) von lat. immunis = frei, rein, lat. globulus = Kügelchen; Sammelbezeichnung für alle Antikörper

Infarkt von lat. infarcire = hineinstopfen; Bezeichnung für das Absterben eines Organteils infolge eines Arterienverschlusses

Inspiration von lat. inspirare = einhauchen

Kapillaren von lat. capillus = Haar; Bezeichnung für die feinsten Blutgefäße im Körper (Haargefäße)

Klimakterium von gr. klimaktér = Leitersprosse

Kollagen von gr. kólla = Leim; gemáotein = erzeugen, hervorbringen

konkav lat. = „gewölbt", nach innen gewölbt (v.a. Spiegel, Linsen); Gegensatz: konvex

Kontraktion von lat. contrahere = zusammenziehen

konvex lat. = nach unten oder nach oben gewölbt, Optik: nach außen gewölbt (v.a. Spiegel, Linsen); Gegensatz: konkav

korrelieren lat. sich gegenseitig bedingend

Leucocyten von gr. leukós = hell/weiß und gr. kýtos = Höhlung; Bezeichnung für die weißen Blutzellen

luteinisierend von lat. luteus = gelb bezeichnet hier den Einfluß auf die Reifung des Gelbkörpers

Lymphocyten von lat. lympha = klares Wasser; Bezeichnung für eine Untergruppe der → Leucocyten, die hauptsächlich über die Lymphgefäße ins Blut gelangen

Makrophagen von gr. makrós = groß und gr. phageïn = verzehren

Menstruationszyklus von lat. menstruum = Monatsfluß

Muskel von lat. musculus = Mäuschen

Neuron von gr. neũron = Nerv

Orgasmus von gr. orgás = schwellend, strotzend (von Saft und Fruchtbarkeit)

Ovar von lat. ovum = das Ei

Petting von engl. to pet = liebkosen

Phagocytose von gr. phageïn = verzehren, gr. kýtos = Höhlung; Bezeichnung für die Aufnahme von Mikroorganismen in das Zellinnere

Plazenta von gr. plakoũs = Kuchen

Pollution von lat. pollutio = Besudelung

Pubertät von lat. pubertas = Geschlechtsreife

Resorption von lat. resorbere = wieder einschlürfen; Bezeichnung für die Aufnahme von Stoffen über die Haut oder Schleimhaut in das Blut oder die Lymphe

Skelett von gr. skeletón (sõma) = ausgetrocknet(er Körper)

Sperma von gr. spérma = Sonne, Keim

Synapse von gr. sýnapsis = Verbindung

Systole gr. sistello = ein-/zusammenziehen; Einschränkung, Verkürzung; Bezeichnung für das Zusammenziehen des Herzmuskels

Thrombocyten von gr. thrómbos = dicker Tropfen, Blutpfropf

Vakuole von lat. vacuus = leer; Bezeichnung für einen mit Flüssigkeit gefüllten Hohlraum in der Zelle

Venen von lat. vena = Röhrchen, Kanal; Bezeichnung für alle Blutgefäße, die das Blut zum Herzen zurückleiten

Ventrikel lat. Kammer; Bezeichnung für die Kammern des Herzens

Vitalkapazität von lat. vitalis = lebenstüchtig, lat. capacitas = Raum, Fähigkeit; Bezeichnung für das Luftfassungsvermögen der Lungen

Stichwortverzeichnis